LE PROGRÈS PAR L'ÉGLISE

INVENTIONS & DÉCOUVERTES

Le Progrès par l'Eglise

INVENTIONS

ET

DÉCOUVERTES

par Pierre NEMOURS

C. PAILLART, Imprimeur-Editeur, ABBEVILLE

A NOS JEUNES LECTEURS

Vous êtes, chers lecteurs, à cette première époque de la vie où l'attrait de la nouveauté vous sollicite.

Enchaînés par le devoir à des études classiques, souvent difficiles et arides, n'est-il pas vrai que vous aimez *les histoires ?* Et comme vous avez bon esprit et bon goût, vous aimez les *histoires vraies.*

Le livre que j'ai écrit à votre intention, moi vieil ami de votre âge, n'est composé que d'histoires.

Vous n'avez pas le temps de lire ailleurs toutes ces belles choses que j'ai réunies ici pour vous ; plusieurs ne pourraient se procurer les gros volumes qui parlent des sciences, des arts, de l'industrie, des voyages, etc.

Dans ces quelques pages, je raconte les *Inventions* et les *Découvertes* si intéressantes dont vous profitez tous les jours, sans savoir à qui vous les devez.

C'est, à proprement parler, le commencement de ces découvertes que nous étudierons ; mais comme il serait bien sec, de vous dire par exemple l'histoire d'une coquille d'œuf, sans vous en raconter la suite, je vous montrerai comment un homme qui *réfléchit* à ce qu'il voit, en a inventé les ballons. Vous verrez l'origine de la *lanterne magique,* des beaux vitraux de nos églises, des notes de la musique, et de bien d'autres curieuses découvertes.

N'oubliez pas, mes amis, que le mot *invention* vient du verbe latin *invenire, trouver*. Or, on ne peut pas trouver ce qui n'existe pas. Si l'on fait une *découverte,* c'est encore la même chose ; et vous auriez beau fouiller la terre, vous ne *découvrez* une mine que si elle y est. Vous comprenez de suite que les *inventeurs* ne font que trouver les admirables secrets, déposés par Dieu même dans la nature.

En les étudiant, il faut s'incliner avec reconnaissance et amour devant Dieu, auteur de toutes ces merveilles ; elles ne sont qu'un pâle reflet de sa grandeur, de sa toute puissance comme de sa gloire. Il faut le remercier d'avoir donné à l'esprit de l'homme le génie qui découvre tant de trésors cachés, et le remercier mille fois plus encore, de nous avoir donné tous ces biens *du temps* par les mains de la sainte Église, notre mère, qui nous promet encore les *biens de l'Eternité*.

LE PROGRÈS PAR L'ÉGLISE

INVENTIONS & DÉCOUVERTES

CHAPITRE PREMIER

Inventions de la Charité.

En essayant de rassembler ici quelques-uns des bienfaits dûs à l'action de l'Eglise dans les choses humaines, nous n'avons pas la pensée d'énumérer les biens surnaturels et infinis qui ne peuvent nous venir que d'elle.

Nous indiquerons à peine son action incessante sur les évènements et sur les hommes, nous avons seulement aujourd'hui pour but de réunir en quelques lignes les *progrès humains* qui sont dûs à l'Eglise : « Défrichements des terres, ouvertures des chemins, fondations ou agrandissements des hameaux et des villes, établissements des messageries et des auberges, des corporations et même des foires ; arts et métiers, manufactures, commerce intérieur et extérieur, lois civiles et politiques, tout, enfin, nous vient originairement de l'Eglise. »

La charité, vertu absolument chrétienne et inconnue des anciens, a pris naissance en Jésus-Christ. Les premiers chrétiens, instruits par les apôtres, mettaient leurs biens en commun pour secourir les pauvres, les malades et les voyageurs : ainsi commencent les *hôpitaux*.

Entre saint Landri qui fonda l'*Hôtel-Dieu* de Paris, au VII° siècle, et saint Vincent de Paul qui établit les *Sœurs de Charité,* se placent les *Trinitaires* et l'ordre de la *Merci* pour la rédemption des captifs, les Frères *Serviteurs des malades* et tous les autres presque innombrables pour le soulagement de toutes les misères. Pour en signaler seulement le nombre et en indiquer le but, il faudrait un ouvrage particulier.

I

Soins aux Lépreux.

Nous pourrions dire que le premier et le plus grand de tous les services rendus à la civilisation et à la société par les religieux, ç'a été *la Prière.* « Cette immense force d'intercession, ces supplications toujours actives, toujours ferventes, ces torrents de prières sans cesse versées aux pieds du Dieu qui veut qu'on l'implore, rétablissent l'équilibre entre le Ciel et la terre. » La prière est « ce grand témoignage de notre faiblesse devenant, dans le pauvre et faible cœur de l'homme, une puissance irrésistible et redoutable au Ciel même. » « Dieu, continue Mgr Dupanloup (1), en nous jetant au fond de cette vallée de misères, a voulu donner à notre faiblesse, à nos crimes mêmes, contre lui, contre sa justice, la puissance de la prière. Quand l'homme se décide à prier, et quand il prie bien, sa faiblesse devient une force. La prière égale et surpasse quelquefois la puissance de

____

(1) Sermon sur la *Prière. Carême de* 1856.

Dieu. Elle triomphe de sa volonté, de sa colère, de sa justice. »

La religion se bornait-elle à ce seul ordre de bienfaits ? Non certes : à peine sortie des Catacombes, l'Eglise obtient de Constantin la *liberté pour les esclaves ;* le supplice de la croix est aboli, la femme est protégée, les pauvres sont nourris. Au temps même de saint Jérôme (IVe siècle), saint Pamaque inaugura cette merveilleuse création de l'Eglise qui s'appelle *les léproseries.* Saint Basile, saint Jean Chrysostôme, saint Augustin embrassèrent avec zèle le soin des *hôpitaux ;* celui de Césarée était si merveilleusement établi, que saint Grégoire de Naziance nommait cette ville *la Cité de la Charité.*

Déjà le troisième concile de Lyon en 533, avait ordonné que les lépreux de chaque cité seraient nourris et entretenus aux dépens de l'Fglise par les soins de l'Evêque, afin qu'ils ne fussent pas réduits à errer de côtés et d'autres. A la suite des Croisades, le mal rapporté d'Orient prit des proportions considérables. La lèpre se propagea avec plus d'intensité ; on vit alors s'élever, sous l'influence de la charité catholique, des *léproseries* ou *ladreries* où des religieux se dévouaient au service des infortunés lépreux. Les *léproseries* de Saint-Lazare, premières maisons de refuge, étaient desservies par les religieux de Saint-Basile. Nous avons retrouvé dans un rituel de cette époque, la formule de consécration de ces héros de la charité. On ne lit pas sans émotion les paroles du serment sublime de simplicité et de foi, par lequel des vierges timides, des jeunes gens, l'orgueil et l'espoir de leurs mères, s'arrachaient à l'amour de la famille, pour devenir les frères et les sœurs, selon la grâce, de ceux que leurs frères et leurs sœurs selon la nature avaient abandonnés. Faisant encore le vœu de mourir pour Jésus-Christ et ses membres souffrants, ils se souvenaient que le Sauveur s'est comparé « *au lépreux* « *frappé de Dieu et humilié.* » Aux XIIe, XIIIe et XIVe siècles, l'épidémie de la lèpre sévit même parmi les classes riches ; en 1244, il n'y avait pas moins de 19.000 léproseries dans toute la chrétienté, dont 2.000 en France ; mais ces asiles, où chaque malade avait ordinairement un petit jardin et était bien nourri, ne suffisaient point à contenir tous les lépreux.

On était obligé d'élever dans les banlieues des villes et des bourgs, des cabanes pour servir de retraite à ces malheureux, soit sédentaires, soit passagers, qui étaient des objets de terreur et de haine. Des mesures rigoureuses durent être prises pour que le lépreux ne fût jamais en contact, même par surprise, avec les autres hommes. L'Eglise prononçait sur eux au moment de leur séparation des prières touchantes ; mais elle leur enjoignait en même temps, l'obligation de conscience de se conformer aux règlements. — Cette consécration des religieux aux pauvres lépreux n'a cessé de se produire spontanément au sein de l'Eglise catholique. Qui ne connaît la sublime histoire du Père Damien, exilé volontaire de la charité dans l'île de Molokaï, dont il a fait un lieu de délices, où il a succombé à la contagion, et où son frère a sollicité l'honneur de lui succéder près des pauvres lépreux (1) ?

Voilà comment les religieux se dévouaient dans les calamités publiques :

Au XIVe siècle, une contagion, dont l'histoire a consacré le désastreux souvenir sous le nom de *Peste noire*, sortie des provinces du nord de la Chine alors appelée Cathay, fut apportée par des vaisseaux italiens de Pise à Gênes.

---

(1) Voir les *Annales de la propagation de la foi*, juillet 1893, pour la tombe du R. P. Damien.

Elle s'étendit avec une effrayante rapidité en Italie, en France, en Allemagne, en Angleterre. Les deux tiers de la population de l'Europe succombèrent. On vit se reproduire ce qui arrive dans les malheurs publics, dont on ne peut expliquer naturellement la cause. Comme les effets de la peste offraient des analogies avec ceux du poison, on attribua la mortalité à une corruption de l'air et de l'eau due aux maléfices des Juifs. Un massacre général commença ; le pape Clément VI défendit de toucher à leurs biens ou à leur vie, avant la sentence des juges ; et cette ordonnance ayant produit peu d'effet, fut suivie d'une sentence d'excommunication, contre ceux qui se feraient les exécuteurs de la vengeance populaire. Clément VI demeura au milieu de son troupeau, organisa à prix d'or les services des médecins et celui des enterrements. Il conféra aux évêques les pouvoirs les plus étendus pour accorder aux mourants ainsi qu'aux fidèles qui se dévoueraient à leur service, des indulgences nombreuses.

II

Hôpitaux.

« Les établissements hospitaliers sont tous d'origine purement chrétienne, et l'on a vainement essayé d'en trouver des traces dans les sociétés païennes (1). » Ils ne purent même se développer qu'après Constantin, c'est-à-dire quand le triomphe du christianisme fut définitivement assuré. C'est au IIIe siècle, que sainte Paule et

(1) VORREPIERRE.

d'autres nobles Romaines, retirées à Jérusalem pour y vivre dans la pratique des vertus aux lieux sacrés où Notre-Seigneur en avait donné l'exemple, fondèrent, sous la direction de saint Jérôme, les premières maisons hospitalières. Dans les unes, connues sous le nom de *Nosodochia*, on recevait les voyageurs et les pèlerins; les autres, appelées *Villæ languentium*, étaient en quelque sorte des maisons de convalescents et de souffreteux.

Dès le temps de saint Antoine, chaque monastère pratiquait la charité, non seulement à l'égard des pauvres de la contrée voisine, mais surtout à l'égard des voyageurs, que les besoins du commerce ou du service public appelaient sur les rives du Nil. Jamais l'on n'avait vu exercer une hospitalité aussi généreuse.

L'asile des pauvres et des étrangers formait dès lors un appendice *essentiel* de tout monastère.

« On rencontre dans leur histoire les combinaisons les plus ingénieuses, comme les plus gracieuses inspirations de la charité. Il y avait tel monastère qui servait d'hôpital aux *enfants malades*, et devançait ainsi une des plus touchantes créations de la bienfaisance moderne ; tel autre, dont le fondateur après avoir été lapidaire dans sa jeunesse, avait transformé sa maison en hospice pour les lépreux et les estropiés des deux sexes.

« Voilà, disait-il en montrant l'étage supérieur réservé aux femmes, voilà mes jacinthes ; voici mes émeraudes, ajoutait-il en indiquant l'étage destiné aux hommes. »

A la fin du IVe siècle, les hôpitaux étaient fort nombreux et, jusqu'au XIVe siècle, les maisons de bienfaisance furent exclusivement confiées aux Congrégations religieuses.

Les hospices de Lyon, d'Autun, de Reims et de Paris datent des Ve et VIe siècles.

Les évêques voulaient que les pauvres sans ressources et sans demeure, eussent leurs *Hôtels ;* mais par une délicatesse toute chrétienne, et comme pour leur faire oublier la nécessité qui les obligeait de demander les secours, ces asiles furent nommés *Hôtels-Dieu ;* sublime dénomination, qui rappelle aux chrétiens que Jésus-Christ regarde comme fait à lui-même, le bien que l'on fait au prochain. C'est ainsi que saint Landri, archevêque de Paris, fonda en 660 l'*Hôtel-Dieu* de Paris. Le roi saint Louis accrut et assura cette œuvre, en établissant les malades entre son palais et celui de *Notre-Dame*, reine et patronne de la France. Là, depuis le VIIe siècle, comme dans les autres asiles confiés aux religieuses, les pieuses garde-malades vivent et meurent au chevet des misérables de toutes sortes ; la contagion les trouve à leur poste, elles y succombent sans le déserter. Tandis que la femme séculière, fût-elle même dévouée et chrétienne, ne peut pas, et souvent ne doit pas sacrifier à un métier lucratif son mari, ses enfants, sa famille, et se retire à la première annonce du fléau.

Le *service* dans les hôpitaux, abaisse à leurs yeux les soins que donnent pour un salaire minime, les tristes infirmiers et infirmières de nos jours ; la Sœur de Charité, au contraire, a appris que *servir* Dieu dans les malades, c'est régner ; elle se fait *servante des pauvres, sœur de l'Espérance, sœur du Bon-Secours, petite sœur des Pauvres, etc. ;* elle ensevelit avec bonheur, talents, noblesse, richesse sous les haillons qu'elle quête aux portes ; elle oublie son nom, elle le cache, et reçoit le plus souvent, pour prix de ses services, l'injure, la malédiction, quelquefois la prison et le martyre. Mais le peuple qui pourtant aime *les Sœurs*, se laisse tromper pour une pièce de monnaie que lui jette le franc-maçon !... Pour une place, il vend son âme, supporte en silence cette cruelle injustice, qui éloigne de son lit de mort la Charité et l'Espérance ; il ne réclame que la licence du mal, au lieu d'exiger qu'on lui rende enfin, la *liberté* de bien mourir !

III

Aumônes régulières.

« Peu importe, disait un saint, que nos églises s'élèvent vers le ciel... si nous n'avons que peu ou point de souci des membres du Christ ; et si le Christ lui-même est là, qui meurt nu devant les portes. »

L'aumône régulière et quotidienne se trouve prescrite, avec de minutieux détails, dans toutes les règles monastiques.

Un certain nombre de pauvres étaient nourris chaque jour, aux monastères, et la plupart des abbés devaient placer à leur table plusieurs vieillards, qu'ils aimaient à servir de leurs mains. Dans la *Vie de saint Romuald,* évêque de Ratisbonne, on lit qu'il traitait chaque jour cinquante pauvres, et que ses libéralités lui firent donner le surnom de *Porte-Sac des pauvres.* Les pauvres avaient des administrateurs attitrés : aux Frères *hospitaliers* revenait le soin de distribuer boisson, légumes, vêtements, pain, argent etc. ; avec celui de recevoir les voyageurs à pied ; chaque jour, de grandes tourtes étaient mises au four pour les petits enfants, les vieillards et les aveugles. Aux *aumôniers*, celui de *chercher* tous les indigents ou les malades, auxquels ils portaient du pain, du vin et des paniers pleins de viande ; et, comme depuis

Théodoric l'art de la médecine avait *presque* disparu, « les moines *médecins* furent d'abord les seuls *Infirmiers des pauvres* » et les plus humbles demeures des moines devenaient, suivant l'expression populaire, *un vrai couvent de charité*. Puis, ne se reconnaissant pas assez habiles, ils allaient demander à la Grèce les secrets d'Hippocrate. L'évêque Saint-Prix avait réuni plusieurs médecins habiles dans son hôpital de Clermont; Ferrières, Saint-Gall et bien d'autres monastères, avaient un service médical avec des pharmacies, au milieu des forêts et des montagnes ; saint Malo, saint Magloire et la plupart des saints de Bretagne exerçaient la médecine dans les champs aussi bien que dans les villes (1). .

Les saints frères Cosme et Damien (III siècle), guérissaient par des miracles ceux que leur art ne pouvait sauver, et furent de bonne heure les patrons des chirurgiens. Il se forma en France, au XIII siècle, une confrérie, dite de Saint-Côme, qui partagea avec laFaculté l'enseignement des sciences médicales.

On doit l'admirable instrument, nommé *Lithotome*, au frère Cosme Baseilhac, de l'ordre des Feuillants. Il en fit le premier essai, en 1748, sur un pauvre vieillard qu'il guérit complètement. Cet humble religieux, surnommé le *Père des pauvres*, en but à la jalouse critique de ses envieux, en prit occasion de perfectionner son instrument. Au moyen des guérisons que les riches payaient largement, il trouva le moyen de fonder un hospice, où les pauvres étaient soignés gratuitement.

Quoi de plus touchant que l'usage qui subsiste encore dans *toutes les Communautés*, de distribuer aux pauvres, pendant trente jours, la portion du religieux qui vient

____

(1) M. Aurélien DE COURSON, article publié dans le *Moniteur* en 1854.

de mourir; et d'unir ainsi, à la prière prescrite pendant le même laps de temps, l'aumône de la charité fraternelle?

Ne serait-il pas possible d'établir dans les familles chrétiennes le même usage ? Ah ! si tóus ceux qui pleurent un absent, associaient les pauvres à leurs deuils, que les larmes seraient adoucies! et que le rapprochement des cœurs deviendrait plus facile, sous la bénédiction de Dieu !

Quant à la célèbre cérémonie du *Mandatum* ou lavement des pieds le Jeudi-Saint, elle avait lieu non seulement dans les abbayes par les abbés, dans les cathé·drales par les évêques (telle qu'on la pratique encore aujourd'hui), mais tous les rois et princes chrétiens, avec notre Saint Louis, tenaient à honneur de laver les pieds à douze pauvres le Jeudi-Saint.

A Cluny l'on s'occupait non seulement à visiter les pauvres dans leurs chaumières, à les guérir et à célébrer leurs obsèques, mais la compatissante charité des moines s'étendait jusqu'aux *aliénés*; ils n'interrompirent point cette œuvre, même dans les épreuves de la guerre entre le Saint-Siège et l'Empire.

IV

Refuges.

Le *logis des voyageurs* comprenait dans la plupart des abbayes une brasserie, une boulangerie, deux dortoirs, etc., le tout à l'usage exclusif des voyageurs ; dans toutes, la partie du monastère affectée à cet usage était *essentielle* et étendue.

A Saint-Gall, le religieux le *plus savant*, le plus *noble*
et le plus *saint*, avait le privilège d'hôtelier ou guide des
étrangers. Les abbayes étaient les *hôtelleries* de ce
temps-là.

Des bords de la Baltique jusqu'aux Apennins, de
Saint-Jacques de Compostelle à la Terre-Sainte, on pouvait suivre trois ou quatre grandes lignes de monastères
qui traçaient, pour ainsi dire, leur route aux pèlerins

Les Monts-de-Piété (page 32).
L'abbé de l'Epée et les Sourds-Muets (page 27).

comme aux ouvriers, et leur offraient des abris et des secours pendant tout le trajet.

Le P. Honoré Chaurand mérita d'être surnommé le *Vincent de Paul du XVIIe siècle*. Il évangélisa, dans le midi de la France surtout, quatre-vingt-dix diocèses (1), et par les seuls efforts de sa charité parvint à bannir partout la plaie de la mendicité; pour cela il établit des *maisons de charité*, où par des règlements merveilleusement appropriés à cette œuvre, les pauvres, sans perdre la liberté de leurs actes et même de leurs journées, trouvaient le logement, la nourriture, les attentions de la plus paternelle bienveillance, avec un travail à leur choix, selon leurs aptitudes ou leurs désirs. Le zélé Jésuite parvint à fonder jusqu'à cent vingt-six hôpitaux; les gouverneurs et les princes l'appelaient à l'envi dans leurs domaines; le Pape Innocent XII voulut le connaître et le consulter; enfin il le chargea d'établir un asile pour les malheureux, dans le palais de Saint-Jean de Latran.

« Au fond des Ardennes, même à la fin du xviiie siècle, l'hospitalité des religieux de Saint-Hubert était l'unique ressource de ceux qui allaient du Brabant au Luxembourg. »

Tout le monde sait que les deux *hospices du mont Saint-Bernard*, sont l'œuvre du grand archidiacre saint Bernard de Menthon. Les pittoresques montagnes de la Savoie, près d'Annecy, étaient habitées au xe siècle par Richard, baron de Menthon et sa femme Bernolina de Duyn, tous deux d'origine française et de famille illustre. Un fils leur naquit en 923; formé par les soins de ses pieux parents, le petit Bernard aimait, entre toutes les histoires, la *Vie des Saints*. Un soir sa mère lui ra-

(1) A cette époque, les diocèses étaient moins étendus et les évêques plus nombreux.

contait celle de saint Nicolas, qui détruisit les statues des dieux dans toute la Lycie ; l'enfant s'écria tout-à-coup : « Moi aussi, je ferai tomber la colonne de Jupiter qui domine encore nos montagnes. »

Dès lors Bernard chercha tous les moyens d'imiter saint Nicolas, il le prit pour modèle et pour protecteur ; tout en étudiant aux écoles les plus célèbres, il demandait au Saint de lui manifester les desseins de Dieu sur son avenir.

A peine de retour, il dut assister aux fêtes brillantes et magnifiques, préparées à l'intention de ses fiançailles. Bernard trouva moyen de se retirer de la foule ; fondant en larmes il invoqua le secours de saint Nicolas, mais surtout la protection de Marie, que l'on n'implore jamais en vain ; alors saint Nicolas lui apparut : « Bernard, lui « dit-il, Dieu t'appelle à un honneur plus grand qu'à une « alliance terrestre ; va trouver l'archidiacre d'Aoste, il « te dira ce que tu dois faire. »

Le noble Bernard, consolé et fortifié, ne balança pas un instant ; il quitta la nuit même le château de son père, laissant un billet où il annonçait sa résolution : « Les « honneurs de ce monde, écrivait-il, ne sont rien pour « moi, car j'aspire à ceux du Ciel ! »

Reçu dans le monastère des Chanoines, par le vénérable Pierre, Bernard devint prêtre, puis abbé et archidiacre ; ne se lassant jamais d'évangéliser les provinces d'Aoste, de Sion, de Genève, de Novare, de Milan, il renversa, comme il l'avait demandé à Dieu, les idoles, et détruisit jusqu'aux derniers vestiges de l'idolâtrie.

De nombreux pèlerinages traversaient à cette époque les glaciers des Alpes, où l'on connaissait à peine quelques passages moins dangereux. Le pieux archidiacre bâtit un vaste hospice dominant les Alpes-Pennines, le Valais et la vallée d'Aoste ; puis un second entre la même vallée et la Savoie, au sommet des Alpes Grées. Desservis par des chanoines de Saint-Augustin, dont Bernard était le Supérieur, ces deux hospices ont, depuis, reçu le nom du Saint et sont appelés le *Grand et le Petit Saint-Bernard*. Les peuples de ces contrées ont été non seulement sauvés des périls terrestres, dans cette région des glaces éternelles, mais civilisés et amenés à la foi par le pieux descendant des barons de Menthon.

Au milieu des montagnes du Rouergue, les moines d'Aubrac tintaient, pendant deux heures, chaque soir, une cloche qui indiquait au voyageur le chemin à suivre, et l'abri qui lui était préparé; le peuple connaissait bien le son de cette cloche et la nommait la *Cloche des Perdus*. Ce pieux usage subsista jusqu'à 1793.

Le *Rocher de la Cloche* rappelle encore aujourd'hui le zèle des abbés de la côte écossaise du Forfarshire : L'écueil du *Bell-Rock* est caché à 12 pieds sous l'eau, il a 430 pieds de long sur 230 de large ; par une ingénieuse combinaison, le mouvement des vagues ébranlait une grosse cloche dont le son guidait les navigateurs. Cette charitable invention, appliquée aux plages les plus dangereuses, est bien antérieure à celle des phares.

La reconnaissance du peuple se manifestait surtout par son empressement à recourir aux monastères dans toutes les calamités. «Allons à la charité des moines, » disaient les pauvres; de ce touchant et populaire hommage, sortit le nom de *la Charité-sur-Loire*, seul souvenir qu'ait su conserver l'ingrate postérité (1).

Du reste, que demandaient ces religieux? Une seule chose, *le salut*. Et c'est parce qu'ils ont poursuivi un seul but : leur salut et celui de tous les hommes, qu'ils ont eu

(1) *Chronique de la Gaule.*

« l'intelligence du pauvre, » qu'ils ont cultivé la science, pour mieux connaître, mieux servir et mieux aimer Dieu; pour le faire mieux connaître et mieux aimer, ils ont vécu dans le travail, la prière, le silence, ils ont sanctifié leur vie pour la consacrer au soulagement de toutes les misères.

« Demandez-moi tout ce que vous voudrez, disait l'empereur Othon III à l'abbé Nil, et je vous le donnerai avec joie. »

« Je ne demande qu'une seule chose à Votre Majesté, répondait l'abbé : *Prince, ayez souci de votre âme !* »

Il faisait bon vivre sur les terres des abbayes ; aussi la plus grande partie des villes ou villages, doivent leur origine à la cellule d'un moine; autour de ces centres de bienfaisance, se groupaient les ouvriers de toute sorte et les populations nécessiteuses; de là les noms de Saint-Venant, Saint-Malô, Saint-Lô, Saint-Omer, Saint-Yrieix, Saint-Quentin, Saint-Servan, Saint-Brieuc, Saint-Cloud, Saint-Denis, Saint-Étienne, Saint-Tropez, Saint-Germain, Saint-Seine, Saint-Imier, Saint-Gall, Saint-Junier, Saint-Pol de Léon ; Remiremont (monastère de Saint-Remi), Marmoutier (de Saint-Martin), et cette interminable nomenclature qui semblerait fatigante, mais est une des plus intéressantes preuves des bienfaits dus à l'Église par la civilisation.

L'Église seule a sauvé le monde de la barbarie ; les peuples qui veulent s'affranchir de l'Église, retomberont dans un esclavage plus raffiné peut-être, mais plus honteux ; parce qu' « ayant connu la vérité et l'ayant rejetée ils s'en rendent indignes. »

CHAPITRE II

« Les Aveugles voient, les Sourds entendent. »

Dans l'impossibilité de donner sur toutes les infirmités secourues par l'Eglise, les détails si précieux cependant et dont le récit provoquerait les élans de notre reconnaissance, nous ne pouvons résister au besoin de montrer les maternelles préoccupations de l'Eglise pour les *aveugles* et les *sourds-muets*.

Entre toutes les infirmités humaines, la plus douloureuse, la plus difficile à supporter, c'est la privation de la vue. Avez-vous jamais réfléchi, vous qui voyez clair, à la tristesse de l'enfant dont le regard ne peut se porter sur la campagne, sur les fleurs, sur les animaux! qui ne connaît ni les merveilles de l'art, ni les ressources de l'industrie! de l'enfant qui ne contemple jamais la beauté du jour, qui ne perçoit pas les rayons du soleil, qui n'élève pas ses yeux vers le ciel ; de l'enfant qui ne repose pas son âme sur le visage de sa mère! Ah! faites un acte d'amour et de reconnaissance pour le *bon Dieu*, qui vous fait jouir d'un sens dont beaucoup, hélas! sont privés, et que vous pouvez perdre demain *s'il le voulait*.

Les *aveugles* doivent à l'Eglise cette instruction qui leur permet de vivre de la vie sociale.

Suppléer par le tact à la privation si cruelle de la vue, semble de nos jours une invention très simple ; rien au contraire ne devait être plus difficile à trouver, ni plus long à se développer. *Lire par les doigts* fut une des découvertes du Jésuite le *P. Lana* (1631-1687) ; mais l'application de sa méthode, louée d'ailleurs par l'Académie de Leipzick, ne fut commencée que par un élève des moines Prémontrés de Picardie, *Valentin Haüy*.

Un jour il assista par hasard à un concert donné par dix ou douze aveugles, gravement assis devant une partition qu'ils semblaient lire au travers de leurs *orbites vides* ou *éteints*, et de lunettes sombres derrière lesquelles ils tentaient de dissimuler leur infirmité. Les spectateurs riaient beaucoup de cette feinte coquetterie des pauvres aveugles; Valentin Haüy éprouva une tout autre impression. Depuis longtemps, il se demandait comment obtenir dans l'instruction des aveugles le succès merveilleux que l'abbé de l'Epée obtenait dans celle des sourds-muets. Si les caractères étaient palpables, se disait-il, les aveugles les distingueraient aisément, avec cette finesse de tact dont les a pourvus le Créateur. Un signe, sensible aux doigts de l'aveugle, doit donc remplacer, conclut-il, le signe tracé pour l'œil du voyant. Là-dessus Valentin Haüy guidé par les travaux du P. Lana, élabora tout un système d'instruction, auquel on n'a guère ajouté depuis que le perfectionnement de détails que le temps amène avec lui.

François Lesueur né à Lyon en 1766 de parents très pauvres, devint aveugle six semaines après sa naissance ; dès l'âge de douze ans il avait obtenu l'autorisation de mendier à la porte d'une église de Paris. C'est là que Haüy remarquant son intelligence, lui proposa de l'instruire. Six mois après Lesueur savait lire et composer avec des caractères en relief; au bout de deux ans il avait appris la grammaire, la géographie et la musique.

Les sourds-muets, ah ! qu'ils sont aussi grandement à plaindre !

Le mutisme n'est que la conséquence de la surdité. Les *sourds-muets* sont privés de la parole, parce que leur surdité les prive de saisir le langage ; aussi les sourds de naissance sont seuls également muets. Les anciens regardaient ces pauvres infirmes comme incapables d'instruction ; peu à peu cependant, et dans un motif de zèle pour des âmes privées de la foi, on a tenté de les instruire. Le premier exemple d'un essai d'éducation des *sourds-muets* est rapporté par le Vénérable Bède. Il raconte que J. de Beverley, archevêque d'York au VIIe siècle, recueillit un sourd-muet et lui enseigna même à parler.

Contemporain de Valentin Haüy, le vénérable *abbé de l'Épée* se consacra tout entier aux infortunés sourds-muets. Bien des essais avaient été tentés, avant celui qui donna au pieux prêtre sa place à côté de saint Vincent-de Paul ; car c'est au bénédictin espagnol *Pierre Ponce* (1520-1584), que remonte la première tentative en faveur de l'instruction publique des sourds-muets. Dans son désir de faire connaître la religion aux déshérités de l'ouïe, « par laquelle vient ordinairement la foi, » le religieux imagina un langage par signes ; il réussit à former de bons élèves, habiles dans les lettres et plusieurs écrivains de mérite ; mais il mourut avant d'avoir indiqué sa méthode ; et jusqu'au XVIIe siècle, aucun succès ne fut durable. Nous en avons une preuve dans le récit d'un voyageur dauphinois, que nous abrégeons du *Magasin pittoresque :*

« Dans mon village natal, accroché comme un nid d'aigle au sommet d'une montagne boisée, j'avais pour but de promenade une grande fabrique de papier dont les propriétaires, fort complaisants d'ailleurs, me laissaient visiter en détail les curieux ateliers, et poussaient souvent la bonté jusqu'à m'en expliquer ·la merveilleuse organisation. Un enfant de chétive apparence les accompagnait le plus souvent, sa physionomie intelligente et fine, son regard profond et vif était néanmoins empreint d'une tristesse douloureuse; le pauvre enfant était sourd-muet! Elevé au fond des Alpes, à cette époque où l'instruction de ces infortunés n'était pas connue, le jeune Alexis, bien que parent de riches industriels, demeurait étranger aux relations de famille. La curiosité, le désir d'apprendre, une vague inquiétude étaient peints sur la figure attristée du muet; mais dans l'impossibilité de se faire comprendre, il avait pour unique occupation de porter les fardeaux, d'entasser les rames de papier dont l'usage lui était inconnu. L'infortune du muet m'avait suivi comme un souvenir d'enfance, lorsque je fus conduit à Paris pour y compléter mes études industrielles. Un jour que je visitais l'église Saint-Roch, le monument du célèbre architecte Lassus, élevé à la mémoire de l'abbé de l'Epée, frappa mon attention. Une sorte de pyramide à pans coupés, repose sur une base ornée des signes multiples devenus l'alphabet des sourds-muets. Aux deux côtés de la pyramide, des enfants lèvent les mains et les yeux vers l'abbé de l'Epée, dont le buste expressif couronne le monument. A genoux sur la dalle de l'église, un ouvrier et de petits enfants causaient à leur manière du geste et du regard ; en me voyant, le plus âgé des enfants comprit que je m'intéressais à cette scène d'une sublime simplicité, et s'inclinant avec respect il me montra du doigt la tête si vivante du prêtre en disant : « Notre Père à tous. »

« A ces mots, prononcés distinctement par le jeune infirme, mon souvenir se reportait à vingt-cinq ans en arrière ; je regrettai de n'avoir pu soulager la douleur intime du pauvre muet des Alpes, et je lus avec attendrissement la belle inscription placée au milieu du monument.

VIRO
ADMODUM MIRABILI,
SACERDOTI DE L'ÉPÉE,
QUI FECIT,
EXEMPLO SALVATORIS,
MUTOS LOQUI.
CIVES GALLIÆ
HOC
MONUMENTUM DEDICARUNT
ANNO 1840.

NATUS AN. 1722. — MORTUUS AN. 1789 (1).

Une circonstance toute providentielle avait décidé la vocation du pieux abbé ; il se rendait pour affaires dans une maison de la rue Saint-Victor, située en face l'école des Frères. L'abbé de l'Epée dut attendre quelques instants ; on l'introduisit dans une chambre où deux jeunes filles travaillaient en silence, et paraissaient étrangères au mouvement qui se faisait autour d'elles ; il s'approche avec bonté et leur adresse la parole, les deux sœurs ne l'entendent pas, elles ne lui répondent pas ; et lorsque leur mère arrive enfin, elle lui apprend que les deux jeunes filles sont sourdes-muettes. Un Frère de la Doctrine chrétienne venait de mourir ; il avait essayé d'instruire les deux tristes sœurs, mais sans succès apparent.

L'abbé de l'Epée s'offrit aussitôt pour le remplacer. Il n'avait encore aucune idée de la méthode à suivre, car cette méthode devait naître des méditations·de son intelligente charité.

Vers la fin du xvi⁶ siècle, il est vrai, on l'a vu plus haut. Pierre Ponce avait entrepris d'enseigner quatre enfants sourds de naissance, parents du connétable de Castille ; il était parvenu à leur faire prononcer quelques

---

(1) A cet homme vraiment admirable, l'abbé de l'Epée, qui, à l'exemple du Sauveur, a fait parler les muets. Les Français ont consacré ce monument en 1840.

Né l'an 1722, il mourut l'an 1789.

mots; cent ans avant l'abbé de l'Epée, le P. Lana indiquait la manière d'apprendre à écrire et même à parler aux sourds-muets de naissance ; plusieurs médecins avaient également tenté des essais plus ou moins heureux; mais rien de pratique, rien de populaire surtout n'était établi. La *Charité chrétienne* qui avait inspiré le moine bénédictin et le savant Jésuite, allait stimuler l'ardeur du pieux abbé de l'Epée : Dieu l'avait choisi pour sauver de l'abjection, pour tirer en quelque sorte du néant, vingt-cinq mille âmes, en France seulement ; car c'est le nombre des sourds-muets dans notre pays.

Dans la méditation, « ce cœur dévoué enflammait son zèle, » sollicitait de Dieu la lumière et ne se lassait pas de *réfléchir et de prier* : deux armes puissantes, pour vaincre dans tous les combats de la vie.

« L'enfant nouveau-né, disait-il, ne saisit que par les yeux ce qu'il conçoit par l'intelligence et garde par la mémoire; avant d'appeler sa mère, il la connaît, il lui tend les bras ; avant de demander sa nourriture, ses jouets préférés, il sait parfaitement indiquer ce qu'il veut, et c'est ordinairement l'enfant le mieux doué qui parle le plus tard ; trouvant d'instinct à se faire obéir, il n'éprouve pas le besoin d'exprimer autrement ses désirs. C'est donc par des signes que commence toute instruction, c'est encore par les signes écrits qu'elle se perfectionne ; donc pour comprendre, il suffit de voir. »

Le patient instituteur s'applique à *faire voir* aux sourds-muets qu'il rassemble autour de lui, les signes formés par le mouvement des lèvres ; il leur explique par gestes la signification de ces signes, remonte des effets à la cause, qui est la pensée ; puis il remarque et étudie les gestes de ses élèves, et parvient à former la langue des sourds-muets, en rendant *la parole visible*. Bien plus, il conclut que les mêmes mouvements traduiront la même pensée dans une langue quelconque ; et dans l'intérêt de la charité, il se met à apprendre l'espagnol, l'italien, l'anglais et l'allemand. Comme toute œuvre inspirée de Dieu, celle de l'abbé de l'Epée eut ses contradicteurs et même ses ennemis ; l'opposition qu'il dut essuyer serait à peine croyable si l'histoire n'en avait donné les détails. Mais, comme le prophète, le vaillant instituteur répétait : « Malheur à moi si je me tais. »

Le duc de Penthièvre presque seul, soutint l'œuvre naissante à laquelle l'abbé de l'Epée sacrifiait sa modeste aisance ; les sept mille livres de rente qu'il possédait étaient absorbées par les besoins de ses élèves, presque tous pauvres ; pour eux il oubliait de prendre sa nourriture, il retranchait chaque jour sur le nécessaire, portait uue soutane râpée et se privait de feu pendant l'hiver.

Après les premiers élèves, il en vint d'autres. Graduellement l'abbé fonda une institution, celle qui existe encore à Paris, et qui est en si grand renom dans toute l'Europe. Il soutint l'établissement de ses deniers ; il fit vivre à ses frais, nous pourrions dire à ses dépens, ses enfants adoptifs. Une fois, par un hiver rigoureux, on trouva le bon vieillard tremblant et comme paralysé par le froid dans son modeste cabinet de travail, où il demeurait sans feu pour consacrer toutes ses ressources aux besoins de ses enfants. Ils accoururent, et ce fut un touchant spectacle de voir ces pauvres sourds-muets entourer leur vénérable maître, presser ses mains glacées, le combler de caresses, le supplier par leurs gestes expressifs de se conserver pour eux.

Le procès du comte de Solar donna un nouvel intérêt à la cause des sourds-muets. Un jour que l'abbé de l'Epée visitait les malades à l'Hôtel-Dieu, on sollicita une place parmi ses élèves pour un enfant de douze ans, sourd-muet abandonné deux ans auparavant, mourant et dépouillé sur la route de Péronne. Joseph (c'est le nom que lui donna son protecteur) fit entendre que ses parents étaient riches, portaient des bijoux, avaient de nombreux domestiques et de grands jardins ; que sa petite sœur était élevée dans un couvent et jouait seule avec lui.

Il raconta par gestes que son père étant mort, on l'avait conduit à cheval, puis dans un carrosse et les yeux bandés, loin, bien loin de sa demeure, et qu'on l'avait perdu dans les champs.

L'abbé de l'Epée, après des démarches vaines pour découvrir la famille de Joseph, en vint à implorer la justice des tribunaux ; pour défendre cet enfant sourd-muet, il choisit comme interprète son meilleur élève, lequel lisait les questions sur les lèvres des juges et les transmettait à Joseph, dont il traduisait ensuite les réponses.

La persévérance de l'abbé de l'Epée, amena enfin la reconnaissance du jeune comte de Solar par son aïeul maternel. Le duc de Penthièvre assura une pension à l'infortuné sur sa cassette particulière. Mais après la mort de l'abbé de l'Epée, le procès fut repris et perdu en 1791. alors que les idées de justice étaient bouleversées, avec les principes du droit et de l'honneur.

Jusqu'au dernier soupir le saint abbé poursuivit sa tâche ; à soixante-dix-sept ans il conservait toute la vigueur de l'âme et de l'intelligence : « Vous ne pouvez savoir, disait-il, la sollicitude du prêtre qui cherche à gagner le ciel en y conduisant les autres. » Il avait eu la consolation de voir son institution assimilée aux établissements publics, et par ordre de Louis XVI, défrayée comme œuvre nationale, par l'Etat qui devait y entretenir quatre-vingt bourses gratuites.

Ses successeurs, en particulier l'abbé Sicard, suivirent la méthode de l'abbé de l'Epée. Ils sont les véritables fondateurs de l'instruction des sourds-muets dont l'éducation peut se comparer à celle de tous les autres enfants. Quarante-deux maisons pour les sourds-muets des deux sexes sont fondées en France ; on leur y enseigne toutes les sciences et tous les arts.

Le juif Péreire, à la fin du siècle dernier, inventa la méthode par laquelle on enseigne aux sourds-muets l'art de prononcer les mots exprimant leurs pensées, et celui de lire sur les lèvres de leurs interlocuteurs les paroles que ceux-ci prononcent.

Un fait des plus intéressants arrivé en 1876 a démontré l'excellence de la méthode, et ouvert des horizons nouveaux dans le champ des applications.

Un enfant sourd-muet lisait tout haut et prononçait la phrase : *le mouton bêle*.

Le directeur lui dit : Sais-tu ce que c'est que bêler ?

L'enfant, après avoir lu la question sur les lèvres du maître, répond en reproduisant le cri du mouton : *Bê-è-Bê-è*.

— Qui t'a appris cela ?

— Je l'ai vu.

— Comment, tu l'as vu ? et où ?

— Aux champs. L'enfant explique alors que, dans ses promenades, il avait lu sur les lèvres des moutons bêlant ; et pour confirmer son habileté dans ce genre de lecture, il se met à reproduire le mugissement de la vache, l'aboiement de plusieurs espèces de chiens. — Qui sait si les mouvements et les efforts du larynx, ne font pas dans les organes intérieurs de l'ouïe, des impressions dont les sourds-muets n'entendent pas le bruit extérieur.

Quoiqu'il en soit des progrès successifs, que les aveugles, les sourds-muets et leurs familles, n'oublient pas à qui est due l'initiative des méthodes dont ils profitent tous les jours.

CHAPITRE III

Mont-de-Piété. — Bourse du travail.
Noblesse du travail.

I

Les prêts usuraires ont été de tout temps une véritable calamité; dans les beaux jours de l'ancienne Rome, l'emprunteur engageait sa maison, ses enfants et même sa personne pour obtenir crédit. Au Xe siècle, les Juifs profitant du besoin d'argent qu'avaient eu les princes et les seigneurs pour les Croisades, leur procurèrent à des taux énormes des sommes importantes; ils abusèrent surtout des pauvres gens, et bientôt les Juifs devinrent détenteurs de la richesse dans tous les pays.

Un simple moine des Frères Mineurs Récollets, du nom de Barnardino, né à Pérouse, proposa le premier un moyen de soustraire ses compatriotes aux exigences de l'usure.

Il conçut le projet d'une association charitable, dans le but de réunir par souscriptions les fonds destinés à venir en aide aux malheureux, en ne leur demandant qu'un minime intérêt nécessaire aux frais de l'entreprise.

Bernardino exposa son dessein avec cet enthousiasme entraînant qui gagne les masses, et bientôt assez d'or et d'argent était apporté spontanément par les habitants de Pérouse, pour former cette institution charitable qu'on nomma *Mont-de-Piété*.

Jusque-là les aumônes étaient confiées aux églises, et nommées *monti*, probablement du lieu élevé où sont bâties la plupart des églises. Bernardino garda le mot connu et le premier *mont-de-piété* s'ouvrit en 1491.

Les ouvriers en détresse, les pauvres sans ouvrage, pouvaient engager une pièce de leur petit ménage contre une somme prêtée à bas intérêt ; ainsi l'initiative d'un pauvre moine inconnu, donna naissance à l'une des institutions de charité, que Léon X et le concile déclarent être de celles « qu'il est utile de protéger et de répandre. »

Plusieurs villes d'Italie créèrent aussitôt des établissements semblables. En 1529 un autre religieux des Frères Mineurs, Giovanni Calva, après avoir obtenu de Paul III l'autorisation de fonder une confrérie dans le but de prêter aux pauvres sans intérêt, embrassa chaudement au Concile de Trente et comme *avocat théologal*, la cause des malheureux. Grâce à Giovanni le Concile déclara que les pauvres seuls devaient profiter des prêts annuels à très bas intérêt, que les gages déposés pourraient leur être rendus à prix fort minime, « bien qu'il fût désirable de ne leur rien demander, » disait le pape Léon X.

C'est alors que le grand évêque de Milan, saint Charles Borromée, donna les statuts du Mont-de-Piété à Rome ; grâce aux libéralités du pape Sixte Quint, il put acheter une maison pour cette charitable administration ; bientôt elle s'accrut de telle sorte, que Clément VIII la transféra dans le palais magnifique que l'on connaît. L'Europe presque entière avait adopté l'usage des Monts-de-Piété dès la fin du xvi° siècle ou le commencement du xvii° ; mais c'est seulement à notre roi Louis XVI, que la France doit le premier établissement fait à Paris en 1777.

Au XVIᵉ siècle le saint curé de Mattaincourt, Pierre

Calendrier Grégorien. — Mort de sainte Thérèse dans la nuit
du 4 au 15 octobre 1582 (page 43).

Fourier, établit dans sa paroisse des Vosges *une bourse
du travail* qu'il nomma la *bourse de Saint-Èvre*, du

patron de la paroisse, pour venir en aide aux ouvriers sans ouvrage ou tombés momentanément dans la gêne ; on leur prêtait des outils, des instruments de travail et même de l'argent sur une bourse commune, dont le revenu servait à secourir les infirmes et les vieillards. C'est ainsi que les charitables établissements, ressuscités par les *œuvres catholiques ouvrières,* avaient déjà depuis longtemps occupé le cœur des saints, et reçu d'eux leur première application.

II

Les forêts couvraient les deux tiers de la Gaule quand les moines en entreprirent la culture ; les religieux' de Saint-Claude défrichent les forêts du Jura et civilisent les habitants pendant que ceux de Bangor ont le même succès en Irlande etc.

Nommer l'ordre des Bénédictins, c'est rappeler tous les genres de travaux ; ils acclimatent les céréales d'un pays dans un autre, se procurent les meilleures graines, assainissent et ensemencent les terres. Après avoir *défriché* les forêts, les moines agriculteurs veillaient à ce que le déboisement, si nuisible au climat, ne vînt pas causer la stérilité du sol ou les inondations périodiques ; ils creusaient des étangs, endiguaient les fleuves et les rivages de la mer, contenaient les alluvions et dirigeaient le cours des eaux. Les *Études sur l'adminis-tration* de Paris constatent que « les moines de Saint-Laurent et de Saint-Martin furent les premiers à recueillir et à faire *arriver dans Paris* les eaux des sources qui se perdaient, soit aux Prés Saint-Gervais, soit à Belleville. »

Les Anglais attribuent aux religieux l'invention du *drainage*, et ils s'appuient sur ce fait : Un propriétaire ayant remarqué la fertilité extraordinaire d'un terrain compris autrefois dans l'enclos d'un monastère, acheta le potager ; il en fit bouleverser le sol, et découvrit un système complet de canaux et de tuyaux de drainage parfaitement combinés. Près de Durham, l'abbé Egelric, sous le règne d'Edouard le Confesseur, fit traverser le grand marais de Depyng par une route solidement construite avec des poutres et du sable, et qui s'appela de son nom : *Elricherode* (route d'Egelric). L'histoire de Milan, par Cantu, assure que la Lombardie doit le *système d'irrigation* artificielle qui permet une triple récolte de foin, et en fait le pays le plus propre à l'élevage des bestiaux, aux moines Cisterciens de Saint-Bernard ; non seulement ils assainissaient le sol par des canaux et des chaussées, mais ils allaient s'y établir, et les marécages pestiférés devenaient des centres de vie.

On trouve dans un manuscrit de 1420 un procédé employé par un moine de Moûtier-Saint-Jean pour *féconder* artificiellement *les œufs* de truite ; en Irlande, ils organisent la pêche du saumon ; dans le Parmesan, les fromageries. Ils plantent les vignobles les plus estimés de la Bourgogne. Le célèbre *Clos-Vougeot* doit son existence aux moines de Citeaux ; celui de Johannisberg, aux moines de Fulde etc. La Basse Auvergne doit aux religieux de Mozat la multiplication du noyer, un des meilleurs bois d'ébénisterie. En Angleterre et jusque dans les marais de l'île irlandaise d'Ely, les moines de Croyland parviennent à implanter la vigne.

Les *foires* et les marchés les plus fréquentés, ont eu le plus souvent pour origine les pèlerinages, qui réunissaient les fidèles de diverses contrées à la porte des monastères, et établissaient inévitablement des sources de commerce et d'échange.

« Si donc, écrit l'éloquent Montalembert (1), comme on le leur a reproché avec tant d'injustice et d'ingratitude, les moines avaient partout les terres les plus fécondes, les prairies les plus riches, les vergers les plus productifs, c'était le fruit de leur travail, c'était surtout la conséquence et des services qu'ils avaient rendus à tous les peuples chrétiens, et des bienfaits dont ils avaient comblé pendant dix siècles, les classes indigentes et ouvrières... Les exploitations actuelles des Trappistes en France, objets de tant d'obstacles et de jalousie, fournissent la même démonstration... »

Les moines par leur exemple ont encore ennobli le travail.

« Il est un autre hommage, continue le même auteur, une autre justice que leur doivent les peuples : c'est de reconnaître qu'ils ont donné au monde chrétien la plus grande et la plus salutaire leçon, en ennoblissant le travail manuel, exclusivement réservé aux esclaves dans le monde romain dégénéré. Cette leçon, l'Église l'a donnée par ses moines, en consacrant à l'agriculture l'énergie et l'intelligente activité d'hommes libres, revêtus le plus souvent de la double autorité du sacerdoce et de la noblesse héréditaire ; puis en associant sous le froc, les fils de rois, les princes et les seigneurs aux plus rudes labeurs des paysans et des serfs. »

L'Église est une *mère*, et ce n'est pas elle qui consent à désintéresser le riche du travail de l'ouvrier, ni à isoler le travailleur de la grande famille dont Jésus-Christ est le père et le modèle, Lui, *l'adorable ouvrier de Nazareth !*

(1) *Moines d'Occident*, t. VI, p. 295 et 297.

Elle nous dit : Unissez votre travail au sien, qu'il soit intellectuel, manuel ou industriel, et vos succès ou vos échecs vous vaudront l'éternel salaire. Le travail athée au contraire, « c'est le peuple chrétien agrandi par Jésus-Christ, renouvelant dans les temps modernes avec aggravation d'opprobre et d'abaissement les servitudes païennes ; c'est la terre entière devenue un laboratoire immense, sans ouverture vers le ciel ; noire prison, où ni le rayon de la lumière morale, ni le rayon de la lumière religieuse ne peuvent plus pénétrer ; où l'homme n'entend plus qu'un bruit, le bruit de la matière ; où l'homme ne voit plus qu'un spectacle, le spectacle de la matière ; où l'homme n'a plus qu'un souci, le souci de la matière ; où l'homme ne garde plus qu'un amour et une adoration, l'amour et l'adoration de la matière.

« L'âme du travailleur cependant, elle aussi comme la vôtre, appelle l'infini et le bonheur, c'est-à-dire, Dieu ! Lorsque vous arrachez de ses désirs *l'infini réel*, force lui est de laisser tomber à terre ce besoin qui ne peut plus remonter vers le Ciel. C'est que ce désir d'infini, trompé mais non anéanti, se retourne de toute son énergie sur le fini trop faible pour le porter ; et étreignant avec force cette matière vile et incapable de le rassasier, il appelle l'impossible ; et en définitive, fait d'un instrument de civilisation et de progrès, un agent de révolutions, de décadence et finalement de barbarie (1). »

On a pourtant osé dire que les moines, dont on jalousait la prospérité, étaient des paresseux !

Des *paresseux !* Qui sont donc ceux qui prodiguent aux religieux ce reproche insensé? Ont-ils été astreints un seul jour à cette vie de fatigues incessantes, de

______

(1) R. P. Félix : *Le Progrès* (1868).

dégoûts, de privations, de veilles, de courses lointaines, qui est le partage du dernier des missionnaires? Ont-ils défriché les terres incultes, fondé des hospices sous les neiges du Saint-Bernard? Ont-ils consacré leur science, leur jeunesse, leur ardeur à l'ingrat labeur de l'éducation? Ont-ils affronté les déserts, les sauvages? Se sont-ils enfermés aux cachots des esclaves, des forçats ou près des pauvres lépreux? Ont-ils abandonné leur famille, leur pays, leur repos, leurs richesses pour recueillir les aveugles, les sourds-muets, les vieillards, les enfants, les idiots, les épileptiques? Ont-ils souffert le froid, le chaud, la privation de sommeil, de vêtements et de nourriture, pour distribuer aux indigents ce qui leur manque? En vérité, rien n'est plus inconcevable que l'outrecuidance de ceux qui jettent le mépris à la face des religieux, si ce n'est la crédulité, qui ne se donne pas la peine de comparer; et ne sait pas reconnaître les vrais amis de la société, de la famille et du peuple. Des *paresseux!* L'histoire va répondre.

On a dit encore que les religieux nuisaient à la prospérité du pays, en disposant de leurs biens propres pour accroître celui de la Communauté.

Où est donc en vérité la *liberté* des citoyens?

Citons l'un des auteurs les plus sceptiques de notre temps, M. Thiers, dont le cœur a si peu compris le sacrifice chrétien, qu'il a osé nommer la vie religieuse un *suicide!* Et cependant, au point de vue *de la liberté,* il est amené à conclure ainsi en faveur du droit des religieux à l'usage de la propriété: « Est-ce que par hasard vous entendriez régler à ce point l'emploi de mon bien, que je ne puisse en user de la manière qui m'est la plus douce?... Quoi donc! odieux législateurs, vous me permettriez de manger, de dissiper, de détruire mon bien, vous ne me permettriez pas de le donner?

Moi, moi seul : voilà le triste but que vous assigneriez aux pénibles efforts de ma vie ! Vous abaisseriez ainsi, vous désenchanteriez, vous arrêteriez mon travail ?... Le don est la plus noble manière d'user de la propriété. C'est la jouissance morale ajoutée à la jouissance physique. »

Lorsque le pauvre, même le pauvre exaspéré par l'excès de la misère contre le bien-être de ceux dont le travail a été plus heureux, lorsque le déshérité des biens de la terre reçoit avec reconnaissance le don que la charité lui offre avec respect et amour, n'est-il pas mille fois plus noble, que le misérable orgueilleux qui rêve le crime, pour arriver à l'égalité irréalisable de la fortune ? Car enfin, si le père partage ses épargnes entre ses deux fils, l'un sera plus laborieux, plus intelligent, plus favorisé que l'autre ; et dès la première année quelle différence dans les recettes !

La charité, et la charité chrétienne est la seule force qui maintienne, autant que les vicissitudes humaines le permettent, le véritable niveau de la prospérité matérielle des nations.

« Jamais il n'y eut d'idée plus heureuse que celle de réunir des citoyens pacifiques qui travaillent, prient, étudient, écrivent, cultivent la terre et *ne demandent rien à l'autorité...* on rend à la société un service sans prix, en déchargeant le gouvernement du soin de surveiller ces hommes, de les employer et surtout de les payer (1). »

---

(1) Comte de MAISTRE.

CHAPITRE IV

Inventions et progrès des Lettres.

I

Calendrier.

Aujourd'hui, nous commencerons, mes amis, une histoire bien intéressante : celle de tous les vrais amis de l'étude ; et pour vous en faire mieux suivre les progrès, nous les présenterons autant que possible dans l'ordre chronologique.

Savez-vous bien d'abord d'où est venue notre manière de compter les années?

Pourquoi disons-nous que nous vivons au XIXe siècle et en 1895 ?

Chez les Romains, les années se comptaient par consulat, il fallait donc changer à chaque nouvelle élection des consuls ; plus tard, on comptait depuis l'*ère des martyrs*, c'est-à-dire depuis la persécution violente contre les chrétiens, qui a valu à l'an 284 cette triste dénomination.

Après la chûte de l'empire d'Occident, ce système se compliqua de difficultés nouvelles. Saint Cyrille avait bien donné un cycle pascal, mais il s'arrêtait à l'an 581. Un moine scythe, venu en Italie vers le VIe siècle et l'un des plus saints religieux d'un monastère de Calabre, chargé de continuer l'œuvre de saint Cyrille, entreprit une grande réforme. « Au lieu, dit-il, de rappeler sans cesse la mémoire d'un persécuteur impie, nous avons daté les années du nom de Notre Seigneur Jésus-Christ, et commencé notre cycle à son Incarnation glorieuse. Ainsi resplendira à travers les sièles, la divine origine de nos espérances, le salut du genre humain. »

Sous cette forme, aussi simple que rationnelle, Denys (surnommé le *Petit*) composa un nouveau cycle *perpétuel*; parce que, en effet, après sa révolution, toutes les nouvelles lunes et toutes les fêtes mobiles, retombent au même jour du mois et de la semaine que dans la première semaine du cycle ; ce travail décisif régla l'année jusqu'en 1582, époque de la réforme du calendrier par Grégoire XIII.

L'*ère chrétienne*, de Denys le Petit, a été adoptée dans tout le monde.

— Dans tout le monde, c'est-à-dire tout le monde civilisé, les riches, les pauvres, les savants, les ignorants.

Dans toutes les parties du monde, sans le vouloir, tous les peuples, même les impies, proclament connaître Jésus-Christ. — *Siècles, évènements historiques, traités de paix, etc.*, attestent son existence. — Les *actes publics et privés* sont datés du jour de la naissance de Jésus-Christ. — Les contrats, les factures, les journaux, inscrivent en tête de leurs colonnes 1895. Que s'est-il donc passé il y a 1895 ans ? La naissance humble et pauvre de ce *Dieu fait homme* pour nous, mais dont la toute-puissance commande à l'univers.

Ce n'est pas que l'Eglise ait attendu le vi* siècle pour fixer le calendrier.

Voici la description du *cycle de saint Hippolyte* (évêque de Porto en 250), retrouvé au xvii* siècle. Saint Hippolyte est représenté assis dans une chaire épiscopale à dossier plein, la tête rasée en couronne ; sa main gauche tient un livre, la droite se dissimule dans les plis d'un manteau. Le cyle pascal, composé par le saint évêque, occupe les deux côtés de la chaire épiscopale. Il est gravé en lettres grecques et comprend une période de seize années, commençant à 222. Redoublé sept fois il réglait la fête de Pâques pour cent douze ans. Il se divise en deux parties. Dans la première le saint évêque marque dans un cycle lunaire, en quels jours des mois de mars et d'avril Pâques peut se rencontrer. La deuxième, indique les jours auxquels il faut célébrer la fête de Pâques. Les études d'astronomie et de chronologie qu'il suppose, furent continuées sans interruption au sein de l'Eglise catholique, qui prépara ainsi à la science moderne, un terrain qu'elle exploite glorieusement, sans se montrer d'ordinaire assez reconnaissante pour les mains laborieuses qui l'ont défriché les premières.

Quant au *Calendrier* proprement dit, la réforme si importante de Grégoire XIII a immortalisé le règne de ce Pontife (1572-1585).

On sait que le mot de *calendrier* signifie en général la distribution du temps et des saisons; il dérive de celui de calendes (en grec : appeler), parce que dans Rome ancienne, on appelait le peuple le premier jour de chaque mois pour annoncer la nouvelle lune, l'époque des paiements et les signatures des contrats.

Quand donc on vous promettra quelque chose, mes amis, *aux calendes grecques,* sachez que c'est autant dire que vous ne l'aurez jamais : les calendes étaient la manière de compter des Romains, et non des Grecs.

Reprenons l'histoire du Calendrier :

Les premiers Romains ne comptaient que dix mois dans l'année ; c'est Numa qui ajouta janvier et février. Ce mois consacré à Janus ouvrait l'année ; c'est pourquoi le prince religieux entoura de symboles et d'heureux présages les premiers jours de janvier, pour signifier la *douceur des auspices sous lesquels l'année devait commencer son cours*. On offrait à Janus des dattes, du miel, avec une pièce de monnaie, emblème de la richesse. On le voit, tous les grands peuples, même païens, ont été des peuples religieux.

Rome avait donc reçu de Romulus, puis de Numa son premier calendrier; mais il était inexact et imparfait. Sosigène, célèbre astronome du siècle d'Auguste, reconnut que le soleil parcourt l'écliptique en trois cent soixante-cinq jours et six heures. Ce calcul ne faisait qu'une erreur de onze minutes par an ; mais au bout de cent trente-quatre ans on se trouvait avoir un jour de trop. Or, depuis le concile de Nicée (325) jusqu'à Grégoire XIII, la différence était de dix jours, en telle sorte que l'équinoxe du printemps arrivait en 1582, le 11 mars, bien qu'il dût tomber le 21 (1).

La réforme grégorienne, due aux savants travaux du P. Clavius, fut appliquée en Europe en 1582 ; elle nécessitait la suppression de dix jours ; la nuit même, qui se trouvait être par la réforme celle du 4 au 15 octobre, mourait la grande sainte Thérèse.

II

Ecoles.

Les Apôtres avaient jeté les premières bases de ces institutions qui, sous le nom d'Ecoles chrétiennes, per-

(1) Voir les détails dans *l'Histoire de l'Eglise* de l'abbé DARRAS ou dans celle de RORBACHER.

pétuaient au sein des églises, la tradition de l'enseignement; il entrait dans leur mission, de pourvoir à tout ce
qui était nécessaire pour préparer des sujets capables de
prêcher un jour la vérité, et de gouverner les églises.
Saint Paul, après avoir formé lui-même son disciple
Timothée par ses exemples et ses instructions, lui recom-
mande de choisir à son tour des hommes doctes, et de
les exercer au ministère évangélique de la parole. La
tradition nous a conservé le souvenir des nombreux disciples de saint Jean, à Ephèse, où cet apôtre passa les
dernières années de sa vie. Les évêques, successeurs des
apôtres et fixés dans chaque siège, ne manquèrent pas
de donner à ces réunions des formes plus stables, et d'en
faire des écoles régulières.

Alexandrie possédait une école célèbre, dont saint
Jérôme attribue la création à l'apôtre saint Marc. Mais
si d'un côté les philosophes païens affluaient vers cette
cité où toutes les sciences semblaient se donner rendez-
vous, il fallait de l'autre y envoyer les plus savants et les
plus saints *philosophes chrétiens*, capables de réfuter
victorieusement les vains sophismes du paganisme. « A
l'auditoire le plus instruit de l'univers, il fallait des
apôtres d'une sainteté et d'une éloquence dignes de lui. »

Saint Pantène, né en Sicile et déjà illustre pour sa
science, venait en 180 d'abandonner la philosophie stoï-
cienne pour prêcher la foi de Jésus-Christ. Entouré d'une
jeunesse enthousiaste et avide de ses leçons, le pieux
docteur s'arrachait aux applaudissements que lui méri-
taient son zèle et sa science vraiment prodigieuse, pour
répondre au désir des Indiens qui le conjuraient de venir
les évangéliser. Avant de partir, saint Pantène avait eu
le bonheur de gagner à la foi le plus grand homme de
ce temps-là,

Titus Flavius Clemens avait, dans son ardeur insatiable pour la science et dans sa soif de vérité, étudié les divers systèmes des philosophes de la Grèce, de Rome et de toutes les nations du monde.

Etonné des contradictions et des doutes de tous les savants d'Orient, de Grèce et d'Italie, il eut le bonheur de rencontrer en Egypte saint Pantène, et la doctrine évangélique fixa bientôt ses irrésolutions. Après avoir enseigné de vive voix, Flavius Clemens, connu sous le nom de *saint Clément d'Alexandrie,* composa de savants traités dans lesquels il « s'attache constamment à placer la religion chrétienne au sommet de la science, en prouvant l'excellence de ses dogmes, et leur harmonie avec la saine raison. Non content de défendre la foi contre ses agresseurs, comme on l'avait fait jusqu'àlors, il donne un abrégé de toute la morale ; et complète ce travail par celui dans lequel il présente la « vérité catholique couverte et cachée dans les enseignements de la philosophie, comme la noix dans sa coque. » Il exhorte les Gentils à se convertir, dans des termes sublimes et avec les accents émus d'une âme apostolique ; leur montre l'excellence et la sainteté de la religion chrétienne, comparée aux cultes idolâtres dont il dévoile les infâmes pratiques. Puis il atteint au plus sublime degré de la sainteté et demande au fidèle, au *sage par excellence,* la vertu surnaturelle, puis la perfection qui le rapproche de Dieu la beauté absolue.

Saint Grégoire de Néocésarée n'était venu à Alexandrie que pour accompagner sa sœur, mariée à un jurisconsulte ; mais il y rencontrait Origène, l'un des plus illustres professeurs de la célèbre école.

Pour gagner la patrie céleste, dont il entrevoyait la splendeur, Grégoire n'hésita pas à sacrifier sa patrie terrestre, et il raconte lui-même la manière dont il fut amené, peu à peu, du paganisme à la vraie foi.

« Comme un habile agriculteur, dit-il, qui sonde en tous sens le terrain qu'il entreprend de défricher, Origène creusait et pénétrait les sentiments de ses disciples, les interrogeant et considérant leurs réponses. « Quand il les avait préparés à recevoir la semence de la vérité, il leur enseignait... la logique pour former leur jugement, et leur apprendre à discerner les raisonnements solides d'avec les sophismes spécieux de l'erreur; la physique, pour leur faire admirer la sagesse de Dieu par la connaissance raisonnée de ses œuvres; la géométrie, pour habituer leur esprit à la rectitude, par la rigueur des propositions mathématiques; l'astronomie, afin d'élever et d'agrandir leurs pensées en leur donnant l'immensité pour horizon; enfin la morale pratique, leur faisant étudier en eux-mêmes les mouvements des passions, afin que l'âme, se voyant comme dans un miroir, pût extirper jusqu'à la racine des vices. Il abordait ensuite la théologie, ou la connaissance de Dieu... » Puis, après avoir démêlé avec ses disciples la vérité contenue dans les auteurs païens, qui ont écrit sur la Providence qui gouverne le monde, il commençait l'étude des saintes Ecritures; c'est ce qu'il appelait « emporter les richesses des Egyptiens pour entrer dans la terre promise et s'en servir pour la construction du tabernacle. » Ce plan d'une éducation chrétienne au iii° siècle, n'est-il pas propre à faire rougir la science contemporaine... n'est-il pas propre, surtout, à éclairer les intelligences sincères et élevées, en leur montrant le *but réel* de chacune des sciences, si nettement et si simplement définies par l'un des plus grands génies que le monde ait connus? »

Le grand Ozanam résume à peu près en ces termes l'origine des écoles :

L'Eglise, persécutée, ouvrit ses premières écoles dans

les Catacombes, où l'on trouve encore, à côté des tombeaux couverts de peintures symboliques, la chaire, taillée dans le tuf, qu'occupait le maître en face du banc réservé aux disciples.

Saint Pantène, saint Clément d'Alexandrie, puis le docte Origène en Orient, consacrent l'alliance des lettres profanes avec la doctrine chrétienne, dont ils sont les docteurs éloquents et publics.

En Italie Cassiodore s'emploie avec le pape saint Agapet à fonder l'éducation publique ; mais saint Grégoire le Grand réussit le premier à faire entrer l'étude des lettres dans l'Eglise. « Ne souffrant rien de barbare « chez ses disciples, voulant qu'autour de lui tout res- « pirât le génie latin et que sa cour devînt le temple de « la science, auquel les sept arts libéraux serviraient de « colonnes. » L'amour éclairé de ce grand Pape pour les beautés antiques, compatibles avec les pompes religieuses ; ses réformes pour le chant sacré et les cérémonies liturgiques, sauvèrent ce qui reste de la musique des Grecs. « Mais la musique, dit l'historien de saint « Grégoire, exigeait la connaissance des autres arts, et « le chant suppose l'intelligence des textes sacrés ; en « sorte qu'il ne faut pas s'étonner, si l'école de saint « Grégoire devient le siège d'un enseignement théolo- « gique et littéraire, qui durait encore au IXe siècle. »

Au IVe siècle l'empereur Julien l'Apostat poursuivit avec une obstination satanique, un système de persécution hypocrite. Un édit obligatoire, défendit aux professeurs chrétiens d'enseigner, et aux enfants chrétiens d'apprendre les lettres grecques et latines. On voulait par là faire tomber dans le mépris la religion chrétienne ; mais Dieu se rit des puissances, et tôt ou tard il triomphe, par les moyens mêmes que l'on s'est proposés pour anéantir son règne.

La persécution de Julien donna naissance à la *littérature chrétienne populaire*. Privés des chaires de l'enseignement, les professeurs composèrent des hymnes, des
idylles, des élégies, des odes et des tragédies, sur les principales vérités dogmatiques et morales. Saint Grégoire de
Nazianze, à lui seul, a écrit plus de trente mille vers, admirables par la poésie autant que par les sujets qu'il traite.

Au moment où l'Apostat interdisait aux chrétiens
l'étude des lettres humaines, saint Grégoire écrit : « Je
« vous abandonne tout le reste, les richesses, la nais-
« sance, la gloire, l'autorité et tous les biens d'ici-bas
« dont le charme s'évanouit comme un songe : mais je
« mets la main sur l'éloquence, et je ne regrette pas les
« travaux, les voyages sur terre et sur mer que j'ai entre-
« pris pour la conquérir. »

Conquérir pour la vérité la *liberté* de se produire,
le droit de se défendre et de *se prouver*, ce n'est point
une révolte contre l'oppression ; c'est un *droit* et un
devoir. Donc, à vous qui ne pouvez défendre autrement
ni vous, ni vos enfants, de l'enseignement impie qu'on
vous impose, « mettez la main sur l'éloquence, » si vous
le pouvez ; prenez la plume s'il vous est loisible ; « ne
regrettez ni les travaux ni les voyages ; » abandonnez
avec saint Grégoire, « les richesses, la naissance, la
gloire » et poursuivez le *droit* à la bonne instruction de
vos enfants ; déposez, s'il le faut, « l'autorité et tous les
biens d'ici-bas dont le « charme s'évanouit comme un
songe, » et défendez le *droit* à l'éducation chrétienne.

Depuis les degrés les plus inférieurs des administrations
jusqu'aux plus élevés, on met dans un plateau de la
balance les places, les emplois nécessaires à la vie de vos
familles, on attend que dans l'autre vous jetiez votre *âme*
et celle de vos enfants, votre *liberté* et la leur, votre
éternité !... Il faut choisir ! Odieuse alternative, il est vrai ;

Enfance du grand vizir, qui devint saint Jean Damascène (page 60).

mais *comparez* le temps à l'Eternité, l'âme à l'argent, et soyez plus grands que les impies !

Marius Victorinus enseignait déjà depuis quarante ans la philosophie à Rome ; *l'étude* l'avait rendu chrétien, mais il tardait à se déclarer ; enfin il finit par comprendre que s'il persistait à rougir devant les hommes du nom de Jésus-Christ, Jésus-Christ lui-même le renierait un jour devant ses anges. Il vint donc vers ses disciples : « Allons ensemble, dit-il, à l'église, je veux être vraiment chrétien ! »

Sommé de choisir entre sa grande renommée de philosophe et sa foi, il n'hésita pas, quitta sa chaire, et composa les magnifiques traités qui devaient convertir saint Augustin.

Déjà la fausse science niait la puissance du christianisme à procurer le bonheur des peuples.

Les maîtres chrétiens, condamnés au silence, faisaient partout un vide irrémédiable ; les populations, froissées dans leurs sympathies et dans leurs droits les plus légitimes, se créèrent des défenseurs, dont la dignité officielle pût protéger l'enseignement.

Le plus grand génie, peut-être, qui ait paru dans le monde prit la plume ; saint Augustin publia son immortel chef-d'œuvre :

LA CITÉ DE DIEU

Cette composition, dont l'idée remontait à la prise de Rome par Alaric, avait demandé dix-huit ans de travail. Elle est restée comme le monument le plus complet de l'érudition et du génie.

Le *plan providentiel* de Dieu dans le gouvernement du monde s'y déroule avec majesté... Cette œuvre immense se divise en vingt-deux livres...

La *Cité de Dieu* est une triomphante apologie du

dogme chrétien contre les récriminations idolâtriques, qui rejetaient sur l'impuissance du Christ la responsabilité des malheurs de l'empire.

Cette accusation *était universelle* dans la bouche des païens ; mais... les uns (la foule) soutenaient que la période exclusivement païenne de l'histoire de Rome avait été une ère de bonheur, de gloire, de prospérité sans mélange... et que tous les désastres étaient venus par le Christ.

Saint Augustin *répond dans les cinq premiers livres,* en réapprenant à cette génération ignorante, l'histoire de Rome. Il énumère les crimes, les massacres, les perturbations sociales, les révolutions, les émeutes dont cette période historique fut remplie ; il dresse le bilan d'ignominie sanglante du règne païen. Les citations, empruntées aux sources les plus authentiques sont accablantes.

Les esprits plus sérieux, admettant que les calamités sont de toutes les époques, prétendaient que le culte des dieux avait pour les individus des charmes, des séductions, des jouissances, qui faisaient de la vie présente un délicieux pèlerinage, en attendant la douce immortalité des Champs-Elysées... Cette idée épicurienne aboutissait au dogme anti-chrétien de toutes les *sociétés en décadence* qui peut s'exprimer en un seul mot : *Jouir.*

Entre ces esprits sérieux, les uns faisaient honneur des vertus de la Rome républicaine à la morale idolâtrique ; les autres soutenaient la prééminence du culte païen sur celui de l'Evangile. D'autres, admirateurs de la philosophie de Platon, le préféraient à Jésus-Christ.

Saint Augustin éclaire de son flambeau scrutateur les *vertus* si vantées des héros et des sages ; il pénètre tous les mystères de la théogonie fabuleuse, il discute les *systèmes* de la philosophie platonicienne, et tout en rendant justice à leur excellence relative, il fait ressortir leurs contradictions, et leur impuissance pour la régénération des âmes. Après cette grande revue où les dieux du vieil univers confessent solennellement leurs erreurs, leurs turpitudes et leur aveuglement, le génie d'Augustin roule sur le sépulcre du paganisme une pierre qui ne sera plus jamais soulevée. « Les dieux, conclut-il, n'étaient que des hommes morts, et leurs oracles étaient ceux des démons. »

Dans les douze livres suivants, saint Augustin trace d'une main triomphante, le tableau des deux cités rivales qui poursuivent leur marche parallèle à travers les âges, dans l'humanité déchue. « *Deux amours se sont bâti deux cités :* » L'amour de soi jusqu'au mépris de Dieu, la *cité de la terre;* l'amour de Dieu jusqu'au mépris de soi, la *cité de Dieu.* L'une se glorifie en soi, l'autre, dans le Seigneur. L'une demande sa gloire aux hommes, l'autre met sa gloire la plus chère en Dieu, *témoin de sa conscience.* L'une met sa gloire dans ses chefs, ses victoires... se laisse entraîner par la passion de dominer; l'autre nous montre les hommes unis dans la charité, serviteurs mutuels les uns des autres, gouvernants tutélaires, sujets obéissants... Les sages de la première cité, vivant selon l'homme, recherchent non *le bien*, mais *les biens;*... au sein de la cité divine, la récompense est promise dans la société des élus, où les hommes sont réunis aux anges, afin que Dieu soit le bonheur de tous,

L'histoire de la cité de Dieu, ou de l'Eglise, commence à la création des anges et à la naissance du monde. « Dans le premier homme, dit-il... nous découvrons la source commune des deux cités qui se partageront le genre humain. Car, de cet homme devaient descendre les futurs compagnons des mauvais anges dans leurs supplices, et ceux des bons anges dans leur béatitude... Saint Augustin étudie la cité de Dieu dans l'Ancien Testament ; il y rattache à leur ordre chronologique, les commencements et les progrès de la cité de la terre, depuis la monarchie des Assyriens jusqu'à l'ère dixième (c'est le plan de Bossuet).

La *fin et l'idéal* que les deux cités se proposent pour couronnement, c'est *la Paix*.

« Telle est, dit saint Augustin, l'aspiration universelle. C'est en vue de la paix qu'on se fait la guerre. Les révoltes, les insurrections même, qui troublent la paix établie, se font en réalité pour la paix... parce que les rebelles prétendent la changer à leur gré. Leur volonté n'est point que la paix ne soit pas, mais qu'elle soit à leur volonté. Les brigands qui livrent des attaques terribles à la société, veulent la voir régner entre leurs compagnons... et quand une voix *s'élève* ou *résiste* au chef des bandits, il frappe et tue le récalcitrant, il appelle cela : avoir la paix !... Chacun veut pour avoir la paix avec les autres, les *ranger aux lois de sa propre paix*.

Cette vue, aussi originale que profonde, explique l'état de guerre permanent de la cité de la terre, toujours en quête d'un idéal de bonheur irréalisable.

La *fin de la cité de Dieu* est aussi la paix ; c'est-à-dire la béatitude éternelle, qui succèdera aux agitations du temps, lorsque le jugement suprême aura clos, par d'éternels supplices, les crimes de la cité de la terre.... Alors Dieu se reposera comme en un nouveau septième jour ; les élus partageront les joies d'un sabbat qui n'aura pas de soir, d'un *Dimanche (dies dominica)* éternel, consacré par la résurrection du Christ, et figurant l'éternel repos, non seulement de l'esprit, mais du corps.

« Là nous serons en paix et nous verrons, s'écrie dans un sublime transport, le docteur inspiré par l'amour ; là nous verrons et nous aimerons ; nous aimerons et nous louerons. Voilà ce qui, à la fin, sera sans fin : *hoc erit in finem, sine fine !* Car quelle autre fin, c'est-à-dire quel autre but pour nous, que d'arriver au royaume qui n'a pas de fin ?

CHAPITRE V

Premiers usages de l'Ecriture.

Mais l'Eglise qui admet à ses écoles les philosophes
païens, ne se désintéresse pas des petits, et de la foule
des peuples qu'elle appelle à la vraie foi. Dès le iv° siècle,
Ulphilas, Goth de naissance, descendant d'un captif de
Rome, mais élevé en Europe, avait été nommé en
355 pour succéder au premier évêque des Goths, Eumésie.
A force de persévérance, malgré des difficultés sans
nombre et de cruelles persécutions, il réussit à convertir
la moitié de ses compatriotes, et à se faire regarder par
les autres comme un envoyé du ciel. Il traduisit l'Ecriture
sainte presque entière en langue gothique; inventeur lui-
même des caractères, (nommés depuis *méso-gothiques*)
pour fixer les sons jusque-là inarticulés de cette langue,
il en composa la grammaire et le dictionnaire.

C'est peut-être le premier exemple de l'usage de signes
connus de tout un peuple, pour interpréter ses pensées.

Il est dit dans la sainte Ecriture que Dieu donna à
Moïse les dix commandements de sa loi écrits sur deux
tables de pierre. Cette invention si belle de fixer la
pensée en la reproduisant par des signes, semble en effet
avoir Dieu même pour auteur.

Les anciens traçaient des caractères de diverses manières : d'abord sur l'écorce de certains arbres, en parti-

culier sur celle de la plante le *papyrus*, commune aux bords du Nil (d'où le nom papier).

Ils fabriquaient aussi des feuilles à écrire du *liber*, petite peau entre l'écorce et le bois (d'où le mot *livre*), réunies au moyen d'un cordon qui les traversait. Plus tard, au vii* siècle, quand on eut trouvé l'encre (car avant les caractères étaient tracés avec la pointe du stylet), on se servit de *parchemin* ou de *vélin*. Les anciennes chartes et diplômes, puis des ouvrages entiers ont été ainsi conservés par les moines, en particulier par les Bénédictins, *seuls copistes* au moyen âge, parce qu'ils en étaient les seuls hommes instruits.

Vers le xi* siècle, l'usage du papier se répandit.

L'Eglise en profite pour instruire tous ses enfants. « L'innombrable catégorie des faibles et des opprimés, les esclaves et les femmes, exclus par la *sagesse antique* de la cité divine et politique, ou traités par le fort en victimes, tournent leurs yeux avec espoir vers la lumière nouvelle et rédemptrice de l'Evangile. Ils boivent et savourent à longs traits, au sein de leurs douleurs, les ondes suaves de la parole d'amour. Ils apprennent que pour eux aussi, le Christ a créé l'âme humaine que leur déniait la stupide idolâtrie. Pendant que les sophistes et les rhéteurs s'évertuent en arguties, tous ces déshérités entrent en possession du bien suprême... » Les invasions des Barbares ont consommé la ruine de l'Empire romain, elles ont emporté avec les institutions politiques les écoles et les savants. Une seule puissance reste debout : *la foi chrétienne.*

Saint Isidore (vii* siècle). — L'évêque de Séville, saint Isidore, pour contrebalancer les réunions *clandestines* qui propageaient le mal jusque dans les bourgs les plus reculés (1) résolut d'y opposer le concours de toutes les volontés droites et pures : il les organisa pour le bien ; ce n'est pas par l'ignorance qu'il veut les dominer ; c'est par la direction de ce qu'on nommerait de nos jours l'*Instruction publique*, qu'il obtint le triomphe de la vérité, de la justice et du droit. Il convoqua dans un collège immense, construit par ses soins près de Séville, tous les jeunes gens, que l'amour de l'étude et le bonheur de vivre près de lui faisaient accourir.

Le programme vraiment encyclopédique de l'enseignement, est contenu dans l'ouvrage immense de ses *Étymologies*. Le sens de ce mot signifiait alors ce que nous appelons un *Dictionnaire universel;* mais les articles, au lieu d'être rangés par ordre alphabétique et détachés les uns des autres, se suivent d'après une méthode rigoureuse, de façon à donner pour chacune des sciences et de ses diverses branches, la *définition*, les *divisions* principales et les *notions* substantielles. Toute la science était condensée dans cet ouvrage, car aux lettres et aux sciences saint Isidore avait ajouté un travail gigantesque sur l'agriculture, la guerre, la navigation, l'économie sociale, etc. De telle sorte que Cuvier, parlant de l'ampleur vraiment unique de cet ouvrage, a dit qu'Isidore de Séville « fut le dernier savant du monde ancien, et le premier qui ait formulé la science pour les chrétiens. »

Le premier aussi, il veut que chaque professeur développe par l'enseignement oral un *texte* clair, substantiel,

---

(1) On voit que les *sociétés secrètes*, l'une des œuvres diaboliques de Satan, ne sont pas plus que leur père de date récente ; on les retrouve dès le 1er siècle sous le nom de *gnostiques ;* le secret ridicule dont elles couvrent leurs réunions et auquel elles obligent leurs adeptes *sous peine de mort*, est la plus forte preuve contre elles ; il est facile à quiconque garde le sentiment de sa dignité et le *sens commun*, de s'éloigner avec horreur des sociétés coupables, qui compromettent l'honneur avec la foi et enchaînent *la liberté humaine.*

et *abrégé* qui sera livré aux disciples. On voit que la méthode d'enseignement, si vantée de nos jours comme excellente et nouvelle, est depuis des siècles en usage dans l'Église.

Mais déjà au viii° siècle, la forme même des caractères était altérée et les mots réunis entre eux rendaient le sens presque indéchiffrable. La lettre *minuscule* romaine, défigurée par l'introduction de lettres barbares fut rendue à sa forme, les copistes furent astreints à l'emploi de caractères réguliers et fixes; enfin Charlemagne et Alcuin introduisirent les premiers signes de la ponctuation, de telle sorte que cette nouvelle écriture, immense bienfait pour la civilisation, a reçu le nom de *Caroline*.

CHAPITRE VI

Les lettres en Orient.

Pendant que la fureur de Léon III s'attaquait aux
saintes Images, et que par son aveugle frénésie la célèbre
bibliothèque de Constantinople disparaissait dans les
flammes, avec son incomparable palais *octogone* et tous
ses illustres professeurs, le grand visir de Damas attirait
à la cour des califes Omniades le savant *Mansour*, « le
premier par qui commence la liste de ces esprits dominateurs qui ont inspiré le génie arabe. »

Le père du grand visir se nommait Sergius, il
était questeur général de l'empire sarrasin ; sa fidélité
jointe à une probité rare, lui avait mérité la confiance
du prince musulman. Sergius était fervent chrétien et ne
craignait pas d'employer son crédit pour adoucir le sort
des captifs fidèles destinés à la mort. Un jour, rencon-
trant une troupe de ces malheureux, il remarqua entre
tous les esclaves, un moine vénérable qui versait un
torrent de larmes, bien que ses compagnons fussent
comme enchaînés à ses pieds pour recevoir une dernière
absolution. Sergius voulut le consoler et lui adressa ces
paroles : « Comment se fait-il, mon Père, que, ayant par
votre profession renoncé au monde, vous regrettiez une
vie passagère au lieu de lever vos regards vers la vie
éternelle. »

« Ce n'est pas la mort qui m'effraie, répondit le vieillard Cosme ; mais je regrette de mourir, sans que la science que j'ai acquise avec tant de labeur ait été utile à personne. » Puis il redoubla de sanglots. « Tout ce qu'un homme peut apprendre en physique et en science naturelle, je le connais ; ni l'arithmétique, ni la géométrie n'ont de secrets pour moi ; l'harmonie et la musique, le système astronomique et le mouvement des cieux me sont familiers ; j'ai approfondi toutes ces choses, afin de mieux comprendre la grandeur et la bonté de Dieu par la contemplation de ses ouvrages... et maintenant je vais mourir sans avoir formé aucun disciple. Je suis né en Italie, l'invasion musulmane a saisi nombre de chrétiens et de religieux qui sont dispersés et captifs. » « Consolez-vous, répondit Sergius, et continuez votre prière jusqu'à mon retour. »

Aussitôt le questeur se rend au palais, il sollicite la liberté du vieillard.

Non seulement le calife accorde cette faveur, mais il donne à Sergius le docte esclave ; aussitôt les chaînes du pieux vieillard sont brisées ; conduit par Sergius dans sa propre demeure, il devient le précepteur et l'ami de ses fils, Jean et Cosme. Pendant toute la jeunesse de ses élèves, le moine leur enseigna avec un rare bonheur toutes les sciences divines et profanes ; il n'est aucune branche des études scolastiques, ni de la morale, de l'harmonie ou de la poésie qu'ils n'aient possédée ; et tant de science rapportée à Dieu dont elle émane, rendit les deux jeunes gens aussi éminents en vertu qu'en savoir. Alors le vieillard se retira en Palestine dans la laure de Saint-Sabas où il termina ses jours dans la prière.

Cependant le calife n'avait pas perdu de vue Jean, le fils de son questeur Sergius ; il le pressa tellement d'accepter la charge de *grand visir*, que le pieux jeune homme contraint d'obéir à son prince, se trouva occuper à la cour du calife de Damas, Hescham, la première place auprès du trône, et fut surnommé *Damascène*.

Comme grand visir, Jean portait le nom de *Mansour*. Voilà comment, le grand visir Mansour et le docteur de l'Eglise, *saint Jean Damascène*, sont un même personnage.

Cet épisode de l'histoire orientale, nous fournit la date précise de l'introduction des lettres et des sciences à la cour des califes.

C'est un pauvre moine italien, captif voué à la mort, qui apporta aux fils du Prophète les trésors intellectuels de la Grèce et de Rome. Ce moine Cosme les transmit au fils d'un intendant des finances. Le disciple, devenu grand-visir, les naturalisa chez un peuple qui ne connaissait encore d'autre étude que celle des armes, d'autre science que celle de tuer (1).

« Par qui commence la liste de ces esprits dominateurs qui ont inspiré le génie arabe? Par un très bon catholique, par un Père de l'Eglise : Saint Jean Damascène a été l'initiateur des Arabes à la philosophie grecque à la cour des califes Ommiades, à Damas. Cet illustre Père était certainement l'homme le plus distingué de l'Orient à son époque; il fut l'introducteur des Arabes dans le domaine de la philosophie (2). »

Et lorsque l'Occident troublé, reçut une nouvelle vie des communications avec l'Orient après les Croisades, les chrétiens ne firent que *rapporter* les trésors de science déposés en Orient, par le saint moine Cosme et le grand Damascène quelques siècles auparavant.

Au IXe siècle, saint Ignace de Constantinople envoya aux Khazars, qui habitaient la Crimée actuelle et avaient

(1) DARRAS, *Histoire de l'Eglise*, t. XVI, p. 624.
(2) Ch. LENORMANT.

Cherson pour capitale, un saint prêtre, nommé Constantin, qui se mit sous la protection de saint Cyrille dont il prit le nom ; les efforts de son zèle furent couronnés de succès et la nation entière se convertit. En même temps les Moraves, peuple slave, occupaient les provinces actuelles de Moravie, Bohême, Silésie et Poméranie. Leur roi, Ratislas, s'adressa à l'Impératrice pour avoir un missionnaire comme les Slaves ; le même saint Cyrille y arriva bientôt avec son frère saint Méthode ; ces deux saints devinrent à la fois civilisateurs et *apôtres des Slaves* auxquels ils donnèrent un alphabet encore en usage, et dont ils formèrent la langue en traduisant dans cet idiome les saintes Ecritures.

Cette traduction était certainement connue du prince russe, saint Wladimir, qui épousa la princesse Anne de Constantinople. Anne avait consenti au mariage, à la condition que le chef russe encore païen se ferait instruire dans la religion chrétienne ; elle adoucit ses mœurs barbares, et eut la joie de le voir baptiser solennellement à Kiew où il fonda des écoles, et obligea les jeunes gens non à quitter le paganisme, mais à y recevoir l'instruction qui pouvait les éclairer. C'est ainsi qu'en Russie la foi servait d'introduction aux lettres ; elles durent leur essor au moine Nestor, *père de l'histoire russe*. Pourquoi faut-il que la Russie, après avoir reçu la vraie foi de Constantinople, l'ait suivie plus tard dans le schisme, et se soit avec elle séparée violemment de l'unité catholique ?

CHAPITRE VII

Charlemagne écolier. — Ecole du Palais.

I

Jamais l'Eglise n'a manqué à sa mission, jamais elle n'a interrompu l'enseignement chrétien (1). Pendant que les Huns et les Goths dévastent la Gaule, saint Martin fonde les abbayes de Ligugé et de Marmoutier, les écoles monastiques commencent : si la règle de saint Benoît ne parle pas des écoles, elle en suppose l'existence, puisqu'elle autorise à recevoir les enfants conduits au monastère ; et qu'une disposition détaillée indique avec l'usage de la bibliothèque, l'obligation de la lecture pour vivifier le travail des mains.

Au VIIe siècle, vingt écoles épiscopales étaient déjà florissantes en France (2) après que dès le VIe, saint Césaire d'Arles, saint Didier de Vienne, saint Remy de Reims, saint Germain et saint Fortunat, avaient réuni des milliers d'étudiants au pied de leur chaire.

Par une permission de la Providence, la règle de saint Benoît dominait presqu'exclusivement en Europe, lorsque la terreur du Xe siècle fit abandonner partout les études

---

(1) On sait que dès les temps apostoliques et pour réserver aux prêtres l'enseignement avec la célébration du saint Sacrifice, l'Eglise créa les diacres qui remplissaient les autres œuvres de la charité.

(2) *Histoire littéraire de France*, JOLY, p. 417.

et même les affaires. Les moines, invariablement soumis à la règle qui leur imposait la lecture, la conservation et la transcription des manuscrits, recueillirent tout ce qui nous reste encore de la littérature ancienne, tant sacrée que profane. Peu importait à ces doctes et humbles religieux, que la fin du monde vînt interrompre leurs travaux ; ils auraient été frappés dans *l'accomplissement du devoir*..... c'est la grande force et le puissant ressort qui donnent le mouvement aux œuvres monastiques, mouvement qu'aucune vicissitude ne doit ralentir.

Quant aux écoles monastiques des Gaules, les savantes abbayes de Lérins et de Saint-Victor avaient donné un si noble exemple, que dans la plupart des écoles, au monastère de Poitiers par exemple, à Jumièges, à Moutier-la-Celle, à Saint-Valery, etc., le cours des études durait sept ans.

« Mais la grande école des temps mérovingiens, dit Ozanam, où l'enseignement public paraît dans toute sa pureté et dans toute son étendue, c'est L'ÉCOLE DU PALAIS.

« La chapelle du palais fut le berceau de l'école. »

Sur la tombe de Pépin le Bref on a gravé cette inscription : *Ci-gît Pépin, père de Charlemagne.*

Quelle est donc çette nouvelle gloire ? Et quel était cet homme, dont le nom se confond tellement avec la grandeur, que le plus beau titre de Pépin est d'avoir été son père ?

Cet homme, c'est l'élève des moines, des évêques et de l'Église, c'est Charles le Grand ; duquel M. Thiers, homme d'État, historien célèbre, mais imbu des doctrines révolutionnaires, a néanmoins, contraint par la vérité, écrit ce portrait tracé de main de maître :

« Entre le monde ancien et le monde moderne, appa-

raît Charlemagne... Certes, qu'au sein de la civilisation,
de son savoir si varié, si attrayant, si fécond, où le goût

du savoir naît du savoir même, on trouve des mortels
épris des lettres et des sciences... c'est naturel et ce n'est

Première Distribution solennelle des Prix (page 91).

5

pas miracle ! Mais qu'au sein d'une obscurité profonde, un œil qui n'a jamais vu la lumière de la science (1), la pressente, l'aime, la cherche, la trouve et tâche de la répandre, c'est un prodige digne de l'admiration et du respect des hommes.

« Ce prodige, c'est Charlemagne qui l'offrit à l'univers. Barbare né au milieu des barbares qui avaient reçu par le clergé quelques parcelles de science, il s'éprit avec la plus noble ardeur de ce que nous appelons la civilisation...

« A cette époque, dit M. Thiers, la civilisation, c'était le christianisme. (Erreur, car *aujourd'hui* comme *alors* il n'y a pas de civilisation sans le christianisme). Etre chrétien, *c'était !* (c'est toujours) être vraiment philosophe, ami du bien, de la justice, de la liberté des hommes. Par toutes ces raisons, Charlemagne devint un chrétien fervent, et voulut faire prévaloir le christianisme dans le monde barbare, livré à la force brutale et au plus grossier sensualisme. » A l'intérieur,... la France était en lutte. « Au dehors, cette France était menacée par les barbares du Nord appelés Saxons, par les barbares du Sud appelés Arabes, les uns et les autres païens ou à peu près. Si une main ferme ne venait opposer une digue, soit au nord, soit au midi, l'édifice des Francs à peine commencé pouvait s'écrouler... le torrent des invasions pouvait déborder et emporter les semences de civilisation à peine déposées en terre... »

« ... Le capitaine de ce temps-là était celui qui, la hache d'armes à la main, comme Pépin, comme Charles Martel,

---

(1) Nous mettons entre parenthèse, dans cette citation, les passages qui donnent au texte de M. Thiers leur sens véritable et complet ; voulant par là faciliter aux jeunes lecteurs l'intelligence de la *vérité*, et retrancher ce qui les induirait en erreur, dans le texte irréligieux de l'historien renommé.

se faisait suivre de ses gens de guerre en les conduisant plus loin que les autres, à travers les rangs pressés de l'ennemi. Elevé par de tels parents, Charlemagne n'était sans doute pas moins vaillant qu'eux ; mais il fit *mieux* que de combattre en soldat à la tête de ses soldats ; il dirigea pendant cinquante années, dans des vues fermes, sages, fortement arrêtées, leur bravoure aveugle. Il réunit sous sa main l'Austrasie, la Neustrie, l'Aquitaine, c'est-à-dire *la France*.

« Puis refoulant les Saxons au Nord, les poursuivant jusqu'à ce qu'il les eût fait chrétiens, *seule manière de les civiliser* et de désarmer leur férocité, refoulant au Sud les Sarrasins,... s'arrêtant sagement jusqu'à l'Ebre, il fonda, soutint, gouverna un empire immense, sans qu'on pût l'accuser d'ambition désordonnée, car en ce temps-là il n'y avait pas de frontières ; et si cet empire trop étendu pour le génie de ses successeurs, ne pouvait rester sous une seule main, il resta du moins sous les mêmes lois, sous la même civilisation, quoique sous des princes divers, et devint tout simplement l'Europe.

« Maintenant pendant près d'un demi-siècle ce vaste empire, par la force appliquée avec une persévérance infatigable, il se consacra pendant le même temps à y faire régner l'ordre, la justice, l'humanité... en y employant tantôt les Assemblées nationales qu'il appelait deux fois par an autour de lui, tantôt le clergé qui était son grand instrument de civilisation, et enfin ses représentants directs, ces fameux *missi dominici*, agents de son infatigable vigilance.

« Sachant que les bonnes lois sont nécessaires, mais que *sans l'éducation*, les mœurs ne viennent pas appuyer les lois, il créa partout *des écoles*, il fit couler non pas le savoir moderne, mais le savoir de cette époque...

« ... Entouré de ses nombreux enfants, établi dans ses

palais qui étaient de riches fermes, y vivant en roi doux, aimable autant que sage et profond, il fut mieux qu'un conquérant, qu'un capitaine : il fut le modèle accompli d'un chef d'empire, aimant les hommes, méritant d'en être aimé, constamment appliqué à leur faire du bien, et leur en ayant fait plus peut-être qu'aucun des souverains qui ont régné sur la terre.

« Après ces terribles figures des Alexandre, des César, qui ont bouleversé le monde bien plus pour y répandre leur gloire, que pour y répandre le bien, avec quel plaisir on contemple cette figure bienveillante, majestueuse et sereine, toujours appliquée ou à l'étude ou au bonheur des hommes, où sur la fin de ses jours apparaît cependant le chagrin, celui d'entrevoir les redoutables esquifs des Normands, dont il prévoit les ravages sans avoir le temps de les réprimer. Tant il y a qu'aucune carrière ici-bas n'est complète, pas même la plus vaste, la plus remplie ; qu'aucune vie n'est heureuse jusqu'à son déclin, celle même qui a le plus mérité de l'être (1). »

Consolons le lecteur attristé de ces dernières paroles, par celles de la foi qui nous dit : « les œuvres du juste le suivent, » et pour ne pas recevoir ici-bas leur salaire, elles sont récompensées bien au delà de ce qu'elles ont pu mériter par elles-mêmes, c'est-à-dire *récompensées éternellement*, selon la miséricorde infinie du Dieu qu'il a servi sur la terre dans les ombres de la foi.

Il n'entre pas ici dans notre sujet de suivre les pas du grand Charles, ni d'analyser les actes de son long règne. Après avoir reproduit le glorieux sommaire de cette vie mémorable, nous nous bornerons à considérer les *études* dans l'*école du palais*.

« Le christianisme ne pouvait descendre dans une

____

(1) *Hist. de l'Empire*, t. IV, p. 710. M. THIERS.

grande nation sans y honorer l'étude, cette occupation chaste et sévère, sans encourager l'art de la parole, par laquelle il gouvernait toutes choses ; sans bénir enfin ce travail sacré des lettres, qui n'est, après tout, qu'un effort pour fixer l'idéal divin dans le langage des hommes (Ozanam). »

« Je ne puis mieux encourager la renaissance des sciences et des lettres dans mes Etats, écrivait Charlemagne, qu'en citant mon propre exemple. »

D'une intelligence élevée, d'une éloquence facile, le grand roi possédait à fond la connaissance de la langue nationale pour l'étude de laquelle il commença *une grammaire;* il parlait aussi parfaitement le latin, comprenait bien le grec, l'hébreu et le syriaque.

D'après les historiens contemporains, « l'amour de la science fut la passion de toute sa vie... » « Il portait sur lui, durant le jour, disent Hincmar et Eginhard, et plaçait la nuit à son chevet, des tablettes et des plumes pour noter, à mesure qu'elles se présentaient à son esprit, les pensées qu'il croyait utiles à l'Eglise, à la police de l'Etat, au gouvernement de l'empire. Il aurait voulu acquérir l'art de tracer sur parchemin les miniatures enluminées...

Pour fonder en France de véritables écoles, il fit sortir du Mont-Cassin un modeste et savant bénédictin, Paul Winfrid, connu sous le nom de Paul Diacre, et surnommé le *Salluste lombard.* Le religieux fut chargé de réparer la négligence des copistes, qui avaient laissé une foule d'incorrections dans les livres de l'Ecriture sainte. Charlemagne écrivit lui-même la préface de cet ouvrage ; il en examina soigneusement chacun des traités... Ce pieux prince aimait la *science de Dieu*, parce qu'il aimait Dieu et voulait établir son règne sur la terre.

Le monde entier connaissait l'amour de Charlemagne

pour la science, et plus d'un érudit se rendait à sa cour sans en être prié, sûr d'y trouver un favorable accès.

La chronique raconte qu'un jour de marché, deux Irlandais récemment débarqués sur les côtes de France, proposaient à la foule, sous les fenêtres du palais d'Aix-la-Chapelle, l'acquisition d'une denrée plus rare que les produits étalés en vente : « Qui veut la science, criaient-ils ? Qu'ils viennent, nous la leur apprendrons. » La nouveauté de cette réclame attira l'attention du prince ; il fit entrer les deux amis : l'un avait composé une grammaire grecque, l'autre était le moine Dungal, le plus célèbre astronome de cette époque, ils ne quittèrent plus le palais et devinrent professeurs.

Charlemagne, en réunissant autour de lui, pour les rendre à toutes les contrées de l'Europe, les quarante mille étudiants qui se disputaient l'entrée de l'école du palais, apprenait à tous les savants le chemin de la France : ils ne devaient pas l'oublier, eux qui pour exprimer le génie propre aux peuples divers, disaient que la Providence avait donné « le sacerdoce aux Romains « comme aux aînés ; l'empire aux Germains comme aux « plus jeunes ; et l'école aux Français comme aux plus « intelligents. »

II

En même temps le moine d'York, Alcuin, né en 735, quittait sa patrie pour offrir le trésor de son érudition au roi Charlemagne. La destinée providentielle d'Alcuin lui avait été prédite par Aelbert, disciple du vénérable

Bède, qui continuait à l'école d'Angleterre le cours de son maître. « Quand j'aurai quitté la terre, avait-il dit à Alcuin, tu partiras pour Rome et tu visiteras la France. Tu es appelé par la Providence à y faire le plus grand bien. »

L'évêque d'York avait chargé Alcuin, encore jeune, de l'enseignement public dans son monastère épiscopal. « Un jour *(Boll.)* que le professeur interprétait le passage de l'Evangile où il est raconté que saint Jean reposa sa tête sur la poitrine du Sauveur, il tomba soudain en extase devant tout l'auditoire : Jésus-Christ lui avait montré l'univers entier baigné du sang divin qui jaillit au Golgotha. »

La piété d'Alcuin allait lui mériter la grâce de l'apostolat de la science dans notre patrie !

Ainsi que l'avait annoncé le vieillard, Alcuin, chargé d'aller à Rome demander le pallium pour le nouvel archevêque, y rencontra Charlemagne dont il avait déjà pu apprécier la vertu et la science dans un voyage en Alsace. Le monarque venait d'ajouter à sa gloire celle de délivrer l'Italie, il résolut de s'attacher Alcuin, ou plutôt de le donner à la France.

Charles obtint du roi et de l'évêque anglais l'autorisation, sans laquelle le religieux ne consentait pas à quitter sa patrie, et le célèbre professeur abandonna enfin York pour *enseigner la France entière*.

« Il n'est pas plus difficile, a écrit Platon, de bâtir une ville en l'air, que de gouverner un Etat sans Dieu. »

Charlemagne, au rebours de nos législateurs modernes, mais dans le sens vrai de la sagesse, voulait établir comme base de toute science *la foi religieuse*. Comme toutes les intelligences ne sont pas également capables d'instruction, il ordonnait que l'on choisît pour une culture plus élevée les natures susceptibles de la recevoir, mais que *tous* reçussent d'ailleurs l'éducation chrétienne.

C'est ainsi que « les églises et les monastères réédifiés avec zèle, étaient autant de foyers d'instruction populaire (1). »

« Que les prêtres, disent les statuts de Charlemagne, tiennent des écoles dans les villes et dans les bourgs. Si quelqu'un veut leur confier ses enfants pour les faire étudier, qu'ils ne refusent point de les instruire et de les recevoir... les prêtres n'exigeront aucune rétribution *pour cette œuvre*. (Ce qui indique suffisamment que les dépenses *de vie matérielle* peuvent être cependant couvertes par les familles.) »

On sait que *l'école palatine* (2), dirigée par Alcuin et, plus tard celle de Saint-Martin à Tours, étaient célèbres entre toutes, et réglées avec un tel soin pour la piété et les études, que les poëtes de cette époque donnent à Aix-la-Chapelle le surnom de seconde Rome et qu'on écrivait à Charlemagne : « Nous verrons surgir chez les « Francs une autre Athènes plus belle que la première, « l'Athènes du Christ. »

En 800, Alcuin, comme souvenir du sacre, envoyait à Charlemagne une magnifique Bible manuscrite commencée vingt-quatre ans auparavant, et terminée avec le concours des plus savants hébraïsants de l'Angleterre et de la France.

Mais la gloire du nouvel empereur, ne fait pas oublier au pieux moine les conseils d'un zèle aussi prudent que fort.

Après la soumission de Witikind, Alcuin écrit à Charlemagne : « Quelle ne sera pas votre gloire au jour du

____

(1) Écrit le protestant Guizot. (*Hist. de la civilisation.*)
(2) Ainsi nommée parce qu'elle était établie dans le palais même.

jugement suprême d'avoir été, pour une multitude de gentils, l'instrument choisi pour les amener à la connaissance du vrai Dieu ?

« ... Si la dure race des Saxons n'adoucit point encore sa férocité,... c'est que l'heure de l'élection divine n'est pas venue... C'est maintenant à votre prudence et à votre sagesse bénies de Dieu, qu'il appartient de choisir pour ces peuples néophytes, des prédicateurs, véritables imitateurs des apôtres, versant à ces jeunes chrétientés le lait de la parole divine, c'est-à-dire les préceptes pleins de suavité, qui conviennent à des auditeurs encore faibles et chancelants... » Et plus loin il ajoute : « La foi, selon saint Augustin, est un acte de volonté, non de contrainte... » Ce n'est qu'après l'illumination du cœur par la parole de vérité, qu'il faut conférer l'eau sainte ; sans cela on baptiserait les corps, non les âmes. »

Nous ne quitterons pas le grand inventeur de la science en Gaule, sans dire un mot de ses derniers jours.

Depuis plusieurs années, Alcuin, fatigué de l'agitation de la Cour, suppliait Charlemagne de le laisser à la prière ; car, « si tout homme a besoin de se préparer à la rencontre de Dieu, à plus forte raison, disait-il, les vieillards brisés par la douleur. » Vers 796, le roi lui donna l'abbaye de Saint-Martin de Tours, où le pieux moine fit refleurir les vertus religieuses en même temps que les fortes études ; il refusa constamment de reprendre son rang près de Charlemagne. Pour obtenir l'agrément de son puissant protecteur et ami, Alcuin le supplie « de permettre, avec une pieuse compassion, qu'un homme fatigué se repose, qu'il prie continuellement pour l'empire, et se prépare dans l'humilité à paraître devant le souverain Juge. » Il se démit encore de ses abbayes, et se rendait chaque jour au lieu destiné pour sa sépulture ; ce savant homme n'étudiait plus que l'art de bien mourir et le néant des choses de la terre, se livrant aux jeûnes comme à la psalmodie. Il mérita de recouvrer la parole au moment suprême, pour chanter encore une fois l'antienne : *O clef de David,* par laquelle il avait coutume d'implorer de la miséricorde divine l'entrée du royaume céleste.

Alcuin était disciple du vénérable Bède (vıı° siècle). dont nous dirons un mot :

L'enfant qui devait s'appeler pour les siècles le *Vénérable Bède,* naquit dans un village des extrémités du Northumberland, en 673. Confié par ses parents au Bienheureux Benoît Biscop, il fut envoyé tout jeune encore avec vingt religieux pour fonder, au bord de la Tyne, la colonie de Yarrow. Dans cette contrée malsaine et inculte, dix-huit moines furent enlevés par la mort, l'abbé et *ce petit enfant* restèrent seuls pour continuer le travail et la psalmodie, qu'ils n'interrompirent cependant que huit jours tant était grande leur ferveur, sous la direction d'un maître envoyé de Rome (et surnommé l'*Archicantor).*

Bède se perfectionna dans les sciences sacrées ; toutes les études sérieuses, les langues, la poésie, les sciences exactes lui étaient familières ; et à l'âge de dix-neuf ans, il avait achevé de parcourir le cercle de la science sacrée et profane, en même temps que sa vertu déjà consommée lui ouvrait, par une rare exception, les portes du sanctuaire.

Six cents disciples assistaient chaque jour aux leçons du docteur ; par un prodige de patience et de zèle, pendant que Bède traitait de la philosophie, de l'arithmétique, de l'astronomie, de la poésie, de la littérature avec les doctes, il rompait aux petits enfants le pain de la doctrine chrétienne, et abreuvait leurs âmes du lait de la douceur évangélique.

Il avait achevé, à 30 ans, une encyclopédie littéraire et scientifique ; il poursuivit l'histoire des saints, réunit les citations des Pères et des docteurs, dressa un martyrologe, ou liste générale de tous les saints honorés d'un culte public ; enfin, l'*Histoire ecclésiastique de la nation des Angles* est une « œuvre gigantesque qui a fait de « Bède, dit M. de Montalembert, non seulement le Père « de l'histoire anglaise, mais le véritable fondateur de « l'histoire du moyen âge. »

CHAPITRE VIII

Les Ecoles (*suite*).

Il n'est presque pas de nos jours d'impies assez ignorants, pour contester à l'Eglise la gloire d'avoir civilisé
le monde par son enseignement. « Cependant, dirons-
nous avec un grand écrivain, comme l'écho de ces
vieilles calomnies retentit encore, de loin en loin, surtout
dans les ouvrages et les cours destinés à la jeunesse, qui
ignorante elle-même, n'a pas en mains de quoi les réfuter,
nous rappellerons quelques-uns des services rendus par
l'Eglise à la *science*, à l'*éducation*, aux *lettres* et à
l'*histoire* (1). »

Toutes les règles monastiques, après celle de Saint-
Pacôme la plus ancienne de toutes, prescrivaient ou
autorisaient au moins l'étude. Saint Benoît donnait à
chaque religieux quatre heures par jour pour l'étude.
Cassiodore, dont la vaste abbaye était une véritable
académie, préparait lui-même le résumé des classes pour
les jeunes élèves et composait à leur usage le traité des
sept arts libéraux: grammaire, rhétorique, dialectique,
arithmétique, musique, géométrie, astronomie. Sous sa
direction, son collaborateur Denys le Petit, expliquait à

(1) Nous nous sommes inspiré pour la rédaction de ce chapitre, des
pages éloquentes du grand orateur Charles DE MONTALEMBERT, lequel a
magnifiquement raconté dans un style aussi attrayant que sublime, les
grands bienfaits dûs à la religion. (*Moines d'Occident*, 7 vol. in-8°.)

livre ouvert le grec ou le latin à Viviers, en Calabre, pendant que saint Magloire exerçait à la déclamation les jeunes gens de race noble ; pour les rompre au bruit de la foule, il les conduisait dans l'île de Jersey sur les rochers battus par les flots. On ne trouve pas une seule abbaye, où l'étude ne marche de pair avec la sainteté des religieux, et « *l'oubli des lettres* » était selon eux un signe de décadence.

« Le gouvernement des écoles, écrit Mabillon (2), semblait une branche essentielle du gouvernement des âmes. Ce zèle fécond des moines pour la science ne se concentrait pas dans l'enceinte des monastères ; il y avait des écoles dans les palais des rois... Les évêques continuaient dans leurs diocèses la pratique de l'enseignement public... et quand un savant comme le moine Gerbert, par exemple, ouvrait une école, une armée de disciples se pressait autour de lui, et sa renommée excitait au loin l'émulation de ses concurrents. »

Vers la même époque, Rathier, évêque de Vérone, fit fleurir en Allemagne le goût des études. Appelé à la Cour pour l'éducation du jeune frère de l'empereur Othon, il songeait surtout à sauvegarder les écoliers des fouets et des verges alors en usage. Pour rendre moins difficile l'étude de la langue, il composa *la première grammaire* connue à la portée des enfants. Il lui donna le titre original de *Serva-dorsum* (sauve-dos), pour exprimer que les disciples fidèles à sa méthode, seraient garantis des châtiments si redoutés.

Le monopole, cet odieux privilège qui concentre le droit d'enseignement entre les mains de l'État lequel, pour ne pas être trouvé en dessous, ne veut pas de

(2) Mabillon, bénédictin de Saint-Maur, l'un des plus savants de son Ordre (1632-1707) et dont l'opinion est partout adoptée par les érudits.

concurrence, est le tombeau de la science autant que celui de la liberté.

Après avoir composé des ouvrages remarquables, les moines les transcrivaient sur des parchemins d'une finesse extrême préparés avec soin ; ils les ornaient de *miniatures* délicates d'une couleur et d'un or si brillants, que les artistes de nos jours en cherchent encore les procédés inconnus. Et qu'on ne croie pas que cette science embrassait uniquement celle de l'Écriture sainte : elle était variée et universelle. « Le bienfait de l'instruction depuis le IX⁰ jusqu'au XIV⁰ siècle, n'était répandu que par l'Eglise, et l'on peut dire que tout monastère était une école, toute école un monastère ; on admettait les enfants à l'étude dès l'âge de sept, cinq et même trois ans ! A ces établissements, sorte d'*école primaire*, étaient annexées des écoles supérieures pour les jeunes gens ; et les auteurs les plus compétents affirment que les universités de Paris, d'Oxford, de Cambridge, avec l'école de médecine de Salerne entre les autres, eurent les Bénédictins pour fondateurs : pendant que les petits enfants y apprenaient à lire, les hommes comme Bède, Alcuin, etc., se formaient à toutes les sciences.

Le protestant de Hurter, dans sa belle Vie d'Innocent III, écrit que les enfants de la noblesse militaire trouvaient l'enseignement des devoirs de leur condition, là où les enfants des rangs inférieurs de la société, apprenaient à lire, et partageaient également les soins et la tendresse de l'abbé du monastère. Il « croit avoir trouvé « dans les règles de ces écoles la première trace de l'en- « seignement mutuel » dont on a voulu faire de nos jours une arme contre le catholicisme. Au XII⁰ siècle les moines de Sainte-Geneviève avaient une école double, l'une à l'intérieur, l'autre à l'entrée de la maison pour les écoliers du dehors. « On y distribuait la science au peuple, comme du pain aux pauvres et des médicaments aux malades. » (Charles MAGNIN : *Revue des Deux Mondes.*)

Que si les Communautés, possesseurs de bibliothèques, craignant le sort réservé trop souvent aux objets empruntés, imaginaient d'interdire le *prêt des livres* sous prétexte de les conserver, les conciles mêmes intervenaient pour réprimer « cette rigueur égoïste. »

« Nous faisons défense aux religieux, disent plusieurs décrets, de jurer qu'ils ne prêteront plus leurs livres, car ce prêt est une des principales œuvres de miséricorde. Nous voulons que ces livres soient divisés en deux classes, les uns devant rester dans la maison pour l'usage des Frères, les autres en sortir pour être prêtés aux pauvres. »

Ceci est une preuve évidente que les bibliothèques contenaient d'autres ouvrages que ceux de piété et de théologie.

Après avoir étudié les catalogues des principales bibliothèques monastiques, Leibnitz écrit : « Il est évi-« dent que les livres et les lettres nous ont été conservés « par les monastères. » (*Lettres.*)

« Dès l'origine, Cassiodore avait défini le véritable but des travaux littéraires et même des transcriptions. « Quelle heureuse invention, dit-il, et quelle glorieuse fatigue que celle qui permet de prêcher aux hommes, par les mains aussi bien que par la voix; de substituer les doigts à la langue, d'entrer en relation avec le reste du monde, sans sortir du silence, et de combattre avec l'encre et la plume. »

Gardons-nous bien de croire que le titre de savant fût l'ambition du moine. « Plaise à ta divine Majesté, Seigneur, écrivait saint Autbert à la fin d'un commentaire, de m'accorder avec la science, l'étude et la pratique de la vertu. Car, enfin, j'ai quitté mon pays et mes parents, non pour obtenir de toi le don de la science, mais bien pour être par toi conduit à la vie éternelle, par la voie d'une vertu parfaite. Je ne veux point prendre le change : et si je ne mérite pas d'avoir à la fois la science et la vertu, enlève-moi la science, je t'en supplie, ô Seigneur, pourvu, seulement, que tu ne me laisses pas sans vertu. »

III

Qui ne sait que les Bénédictins ont rédigé les annales des nations chrétiennes, et que les historiens y ont trouvé les matériaux de leurs célèbres compilations si justement nommés *Trésors*.

Nous leur devons, en particulier, deux monuments de nos propres origines, dressés par ordre chronologique dans les *Annales générales* et dans les *Biographies* des personnages illustres. L'histoire d'Angleterre du Vénérable Bède et de ses successeurs, conduit le lecteur jusqu'en 1140; ils l'ont rendue aussi attrayante que savante par les biographies, l'étude des mœurs, des lois et des idées de chaque époque.

L'histoire civile avait dans *Ammien Marcellin* au IVe siècle son dernier représentant païen; à partir de la IIIe époque (476) le caractère des histoires est essentiellement chrétien. Saint Justin eut à peine constaté par lui-même le vide de la philosophie païenne et embrassé la foi, qu'il ouvrit une école dans laquelle il enseignait, lui,

premier philosophe chrétien, la véritable sagesse et la
véritable science.

Le v⁵ siècle fut pour les lettres une époque fatale, la
lumière intellectuelle partout éteinte se réfugie dans les

Les Amiraux étudient l'ouvrage du Père L'Hoste (page 92).

cloîtres. Tandis que les forêts, les landes les plus stériles étaient défrichées par les moines et converties en riches campagnes ; les trésors et les chefs-d'œuvre de l'antiquité grecque et latine étaient· transcrits et conservés par leurs soins ; pendant que le marteau des Barbares livrait à la destruction les plus beaux monuments de l'architecture classique, la religion se parait des magnificences du culte aboli, et conservait ainsi les souvenirs antiques.

Saint Grégoire de Tours (vi⁰ siècle) surnommé le *Père de l'histoire de France* avait acquis une érudition peu commune. Outre nombre d'autres ouvrages, les annales qu'il intitula *Histoire ecclésiastique des Francs*, n'étaient dans sa pensée que le récit des grandes choses opérées dans notre patrie, sous l'influence de la foi chrétienne.

C'est le *point de vue* d'où il juge les faits et que les écrivains rationalistes ont soin d'écarter.

L'ouvrage de Grégoire de Tours est un des monuments les plus précieux de nos annales. Notre *premier historien français* possède les qualités les plus désirables, la bonne foi, la candeur et ce courage tranquille qui dit de chaque personnage le bien comme le mal. « La voix des évêques dominait seule le bruit des armes, et l'explosion de passions encore barbares. » *(Darras.)*

Raoul Glaber, religieux à Saint-Germain-d'Auxerre, écrit par obéissance à saint Odilon de Cluny.

Quant aux *Chroniques de Saint-Denis*, rédigées d'abord en latin, elles renfermaient l'essence des traditions historiques et poétiques de l'ancienne France ; et n'étaient, en réalité, que la compilation des récits monastiques, soigneusement contrôlés, revus et rédigés. La source de l'histoire se trouvait d'autant plus pure, que la composition des chroniques était confiée dans chaque monastère au religieux le plus instruit, le plus loyal, le plus impartial, à celui dont le jugement était indépendant et sûr; ils pouvaient tous dire avec le moine anglais: « Je raconterai sans flatter personne, car je n'attends ma récompense ni des vainqueurs ni des vaincus. »

En nommant les *Chroniques de Saint-Denis* ou *Grandes chroniques de France*, nous rappellerons que le religieux chargé de ce travail si patriotique, était *obligé* de suivre partout le roi de France, et qu'il raconte comme témoin oculaire les faits journaliers, aussi bien que les batailles et les conquêtes. Le moine Suger, homme d'Etat, illustre savant, donna par ses soins une grande extension à ce travail gigantesque.

Un mot sur la fondation de l'abbaye de Saint-Denis, notre plus célèbre monument national, trouve ici sa place.

Dès les premiers temps de la monarchie chrétienne, l'apôtre des Gaules, saint Denis, avait été honoré; la pieuse Catule, après avoir enseveli les corps des martyrs, voyait affluer les pèlerins au modeste *loculus,* et le culte des trois saints compagnons commençait secrètement. Sainte Geneviève construisit plus tard une petite chapelle, dans laquelle le jeune Dagobert se réfugia contre la juste colère de Clotaire II. En effet, le prince, après avoir attiré le duc d'Aquitaine, qui l'avait insulté, dans une chasse lointaine, lui avait coupé les cheveux; le roi Clotaire II fit appeler son fils, mais Dagobert épouvanté et déjà repentant, se réfugia dans la chapelle de Saint-Denis et lui promit avec larmes et humilité, de glorifier son tombeau s'il obtenait le pardon de son crime. Clotaire II apprit en même temps, que ses officiers retenus par une force invisible, ne pouvaient franchir la porte de l'oratoire; il s'y rendit, et, vaincu par le prodige, il se réconcilia avec son fils, auquel les saints martyrs avaient apparu lui promettant aide et secours.

Dagobert devenu roi, n'oublia pas son serment ; sur l'emplacement de la chapelle s'éleva la magnifique église d'un monastère, où trois cents religieux se remplaçaient jour et nuit au chœur, pour y offrir à Dieu le sacrifice de louanges non interrompu (1).

Le roi, après avoir ouvert lui-même le saint tombeau, transporta les ossements des saints Denis, Rustique et Éleuthère, dans le sarcophage couvert de lames d'or et d'argent, sculpté par saint Éloi ; le monument entouré de pommes d'or, de perles et d'aigrettes d'or, soutenait un autel surmonté d'une croix d'or dont le dessin était si pur, disent les auteurs, « que nos artistes actuels regardent comme impossible d'en exécuter une semblable. » Non content de prodiguer autour de l'autel les magnificences du culte, le roi dota l'abbaye des priviléges les plus étendus, confirmés successivement par nos rois ; et entre lesquels nous devons signaler le fameux *landit,* établi en 1109, par le grand ministre, le moine Suger. Cette foire célèbre, « attirait autour de ce centre religieux et monarchique de la France, le commerce du monde entier. »

(1) Le *laus perennis* (louange excellente) était établi dans les monastères nombreux ; les religieux, divisés en différents chœurs, se livraient alternativement et sans interruption à la divine psalmodie.

CHAPITRE IX

Universités.

C'est du concile d'Aix-la-Chapelle (816), que date une importante institution ajoutée à la règle de saint Chrodegand. C'est une ordonnance qui oblige chaque cloître de chanoines d'avoir une salle commune, où les enfants et les jeunes clercs seront instruits sous la conduite d'un sage vieillard, chargé de veiller à leur éducation et à leur conduite. « C'est là le berceau des *écoles canoniales* qui pendant tout le moyen âge furent, avec les monastères, les *seuls établissements* d'instruction publique.

Lorsque plus tard des ordres religieux se fondèrent pour l'enseignement public, ils attirèrent les hommes de génie par leur science même; et les communications fréquentes entre les divers monastères, donnèrent du mouvement et de l'unité au monde intellectuel.

« Il est bien remarquable (1) de constater l'origine tout ecclésiastique des *Universités,* qu'on appelle ainsi parce qu'on y enseignait dans leur ensemble toutes les branches de la science... L'histoire présente à certaines époques privilégiées, comme un réveil de l'esprit humain avide de science, s'élançant à la suite de quelques brillants génies dans le domaine fécond des lettres et des arts. Ce fut du sein des cloîtres que sortit le signal de cette restau-

(1) *Histoire de l'Église,* J.-E. DARRAS, t. III, p. 413.

ration intellectuelle. On y avait conservé les manuscrits précieux de la littérature antique, avec laquelle les moines étaient si familiers que Vincent de Beauvais, dans son grand ouvrage que l'on pourrait appeler l'encyclopédie du xiii° siècle, cite plus de trois mille passages des auteurs latins et grecs.

« Les Papes se montrèrent les plus soigneux à diriger l'esprit humain dans cette nouvelle voie ; et ils créèrent dans ce but les universités.

... « Les universités furent organisées comme les corporations. On nomma pour chaque nation un *Procureur* chargé de représenter ses nationaux, de les défendre ; absolument comme dans l'ordre politique actuel, les consuls ou les ministres, accrédités près des cours étrangères, y sont les défenseurs officiels de leurs compatriotes. A cette époque, beaucoup plus que dans la nôtre, l'amour de la science était cosmopolite. On accourait de tous les points de l'Europe, aux universités les plus célèbres de France ; tandis que de la France elle-même, on se rendait aux universités de Bologne, de Salamanque, etc. En arrivant, les étudiants étrangers y retrouvaient en quelque sorte la patrie absente, sa bannière, sa langue et ses représentants dans la personne des *procureurs*.

« Ceux-ci élisaient le *recteur*, chef suprême de l'université, réglant tout ce qui concernait le choix des professeurs, le programme de l'enseignement, la distribution des leçons, présidant les solennités littéraires, les cérémonies officielles, entretenant les rapports avec l'Etat, administrant enfin cette réunion universitaire composée d'une jeunesse remuante et inconsidérée. Au-dessous des procureurs, les *doyens*, représentant les provinces et les diocèses particuliers, exerçaient une autorité subalterne. Les Papes avaient assuré *sur les revenus ecclésiastiques* l'entretien de chaque étudiant ; et pour prévenir toute espèce de désordre, des mesures sévères, et l'excommunication même, avaient été employées pour empêcher dans chaque ville d'université la fluctuation du prix des subsistances, qui parfois, en s'élevant trop haut, pouvait compromettre la sûreté générale... » Ainsi ce fut le génie organisateur de l'Église, et des moines soutenus par les Papes, qui présida au grand mouvement des sociétés européennes.

Université d'Oxford. — Alfred le Grand d'Angleterre fit venir des Gaules les hommes les plus savants, imitant le grand Charlemagne qui avait attiré à sa cour le maître Alcuin ; l'un d'eux était le moine Grimbald, de l'abbaye de Saint-Bertin ; l'autre, Jean de Saxe, du monastère de Corbie. Les auteurs du temps rapportent que ces moines répandirent tellement l'usage de la langue française, que dès lors elle fut employée dans les actes publics, et que l'écriture française, également enseignée par les deux bénédictins, remplaça les lettres saxonnes. Sous l'influence du grand Alfred, des moines et évêques auxquels il confia l'enseignement des sciences et des lettres, nombre d'écoles s'élevèrent dans son royaume, notamment à Oxford. Pendant la période de l'invasion danoise, on crut « traiter favorablement les écoliers en laissant debout les murailles de leurs asiles (1). » Plusieurs fois pillée et incendiée lors de la conquête, Oxford ne se releva à la suite de vicissitudes incessantes qu'en 1250. C'est alors seulement que cet illustre établissement d'instruction, l'*Université d'Oxford*, fut fondé, avec la constitution qui la régit encore.

(1) On voit que les prétendus libéraux du xix siècle ont été devancés dans la persécution contre l'enseignement chrétien, par les barbares envahisseurs.

Université de Cambridge. — En 1098, un moine de Saint-Evroul, en France, suivi de trois religieux, établit à Cotenham, près de Cambridge, une école qui donna naissance à la célèbre université. Le collège Saint-Pierre, *Saint-Peter's collège,* fut ouvert en 1257.

Notre-Dame, patronne de l'Université

La très sainte Vierge, sous le nom touchant et sublime à la fois de *Notre-Dame,* a, de tout temps, présidé à une foule d'institutions de tous genres. Patronne de la France, de la ville de Paris, elle le fut encore de *l'Université.* « Son image se retrouve à toutes les époques, sur les sceaux et autres emblèmes des écoles. » L'image de sainte Catherine et de saint Nicolas figurent avec celle de la Mère de Dieu sur le plus ancien des sceaux de l'Université. Outre ces patrons, chaque partie de la nation eut son protecteur spécial : la Picardie, saint Éloi ; Paris, saint Charlemagne ; Tournay, saint Piat ; la nation normande, saint Romain de Rouen ; mais en premier lieu, la vierge Marie ; car le sceau même représente des navigateurs près d'être engloutis, adressant leurs vœux à l'*Étoile de la mer*, qui bénit et calme les flots. Les grades de l'Université ne pouvaient être conférés qu'après avoir été approuvés par l'Église.

Le *licencié*, une fois admis par l'Église, revenait devant les maîtres de sa Faculté pour recevoir ses insignes. Une grande pompe accompagnait la collation des grades, les amis du récipiendaire et souvent les hauts personnages y étaient invités. Lorsque la licence des théologiens et des étudiants en médecine était finie, ils étaient réunis dans la chapelle de l'archevêché, et recevaient, avec la bénédiction du chancelier de Notre-Dame, la *permission* ou *licence* d'enseigner.

L'Université n'a d'histoire que du jour où la reconnaissance et l'approbation des rois et des papes lui donnèrent une existence légale, des statuts, des privilèges, *son nom* même !

« Ecclésiastique dans son origine, dans ses progrès, dans ses hommes, dans ses doctrines, l'Université, fille aînée des Rois très chrétiens, le fut encore dans son mode à peu près gratuit d'instruction. La religion était le tronc auquel se rattachaient toutes les branches des sciences humaines. »

En effet, il est rationnel que l'Eglise, la *seule* puissance qui a reçu de Dieu la *mission* d'enseigner en donne la permission.

Les choses se passaient encore ainsi à la fin du xviii° siècle. On reconnaissait aux religieux une telle supériorité dans la science, que la *première Faculté de médecine,* fondée à Paris dans la fin du xii° siècle, fut confiée aux moines comme « possédant seuls l'instruction nécessaire pour aborder avec quelque fruit ces études. » En vain, la discipline de l'Eglise et le Pape Alexandre III défendaient-ils aux religieux d'assister aux leçons de médecine, il était comme impossible de se conformer à ces ordres ; les comédies de Molière prouveraient à elles seules combien la médecine et les médecins prêtaient alors au ridicule, quand ils ne puisaient pas leur science à la source du *vrai*, et quand ils la rendaient *matérialiste*.

Une des premières écoles de Droit fut établie par les moines Gilbert et Pierre Ponce, en 1384, sur Saint-Jean-de-Baurian, où elle existait encore sous Louis XV.

A ces étudiants de toute nation, il fallait des ressources intellectuelles à Paris même, où ils se rendaient de tous les pays.

BIBLIOTHÈQUES — ORDRES ENSEIGNANTS

Saint Louis eut l'idée d'une collection méthodique, des livres qui composaient le trésor de la littérature universelle de la chrétienté, idée féconde qui produisit pour la France la première encyclopédie, due au dominicain Vincent de Beauvais, surnommé le *dévoreur de livres,* laquelle est le germe de la plus grande de nos institutions littéraires, *la Bibliothèque nationale*.

Après avoir créé, l'Église conservait, perfectionnait :

Lors de la prise de Constantinople, par Mahomet II, 50.000 habitants, réduits en esclavage en moins de deux heures, furent dispersés dans l'Asie. Quelques Grecs parvinrent à gagner des galères vénitiennes et abordèrent en Italie, emportant les manuscrits de la Grèce antique et des Pères de l'Église. Le pape Nicolas V les accueillit avec bonté, se montra généreux et libéral envers ces proscrits de la science, qui payèrent leur hospitalité en enrichissant la bibliothèque du Vatican des trésors incomparables de ces précieux manuscrits (1453).

Le concile de Latran (sous Léon X) établit un tribunal de censure ecclésiastique, pour examiner les livres que la découverte de l'imprimerie multipliait partout. « En fait et en droit, dit l'abbé Darras, une telle mesure était parfaitement justifiée. Quel est le gouvernement qui permet à ses subordonnés de l'injurier, de couvrir ses actes d'outrage ? Or, si la parole constitue un délit, l'imprimerie qui n'est que la parole multipliée, reproduite et en quelque sorte immortalisée, échappera-t-elle à la répression ?

« A un autre point de vue, les pasteurs des âmes doivent-ils laisser circuler impunément parmi le troupeau confié à leurs soins, des doctrines impies et subversives de tout ordre ? N'ont-ils pas le pouvoir et le devoir d'éloigner de nous les sources de corruption, de licence et d'impiété ? »

Cette grande question de la presse, qui passionne le monde en sens inverse depuis trois siècles, préoccupa d'abord le saint Concile !

Quant aux ordres nouveaux fondés dans le *but* spécial de répondre par la *vraie science*, au tissu d'erreurs vomies par la réforme de Luther, il serait trop long de les énumérer ; les chapitres qui suivront nous les montreront à l'œuvre. Disons un mot seulement de la Compagnie de Jésus qui semble avoir le secret de l'éducation comme de l'instruction de la jeunesse.

La règle a réduit pour eux en *art* ce ministère sublime de l'éducation ; aucun soin ne manque, aucune étude n'est négligée pour faire de tous les jeunes gens des *hommes* et des *chrétiens*. Est-ce à dire que ces enfants répondent tous au zèle des maîtres? Ce serait s'abuser, mais eux ne négligent rien : Dès leur fondation, afin de multiplier les progrès des élèves et pour leur donner cette passion des sciences, l'une des meilleures sauvegardes de l'honneur de la vie, ils créaient ces duels classiques, ces joûtes littéraires où la mémoire lutte avec la mémoire, l'esprit avec l'esprit ; ils écartaient de leur enseignement l'uniformité qui engendre l'ennui, ils couronnaient les travaux par les *distributions solennelles des prix*.

Les éléments de la grammaire, comme la rhétorique et la poésie, occupent les savants religieux ; pendant que le P. Lebrun édite le *dictionnaire* connu sous le nom de Lallemant, imprimeur, et que d'autres religieux rédigent le fameux dictionnaire de Trévoux, le P. Pardies succombait à Bicêtre victime de sa charité dans une épidémie. Ses *éléments* de géométrie sont connus; son plus grand mérite fut d'appliquer la géométrie et la mécanique à la conduite et à la manœuvre des vaisseaux, en déterminant la dérive d'un navire d'après les lois de la mécanique, il ouvrait de nouveaux horizons à la science nautique.

Le P. L'Hoste met à profit son expérience et donne, dans un ouvrage unique nommé par les marins : « le *Livre* « *du Jésuite*, les principes qui ont servi à élever tous les « chefs d'escadres, et ont fait triompher sur les flots le « pavillon de la patrie. Dans leurs expéditions navales, « d'Estrées, Tourville et Mortemart voulaient être « accompagnés par ce Père; dans les écoles même d'An- « gleterre, assure le comte de Maistre, qui le tenait d'un « amiral, le *Livre du Jésuite* était devenu le manuel « classique. »

Dans les missions lointaines, qu'ils vont peut-être féconder de leur sang, ils fixent les règles des langues que les tribus errantes ne connaissent pas elles-mêmes, et composent les dictionnaires, les livres élémentaires et les catéchismes ; de telle sorte que d'après les auteurs les plus graves, on connaît le nom de trois cents jésuites qui ont écrit sur les langues mortes ou vivantes, et qui, par quatre cents ouvrages élémentaires, ont préparé les plus petits enfants à l'étude de quatre-vingt-quinze idiomes.

Vouloir citer les noms des élèves illustres de la Compagnie, serait téméraire; rappelons seulement que le jeune duc d'Enghien sortait à peine de l'école des Jésuites, à Bourges, qu'il étonnait le monde et inaugurait, par la victoire de Rocroy, le règne de Louis XIV.

Rantzaw quittait sa patrie pour servir la France; mutilé glorieusement en moins de dix années, le maréchal n'a plus qu'un œil, une oreille, une main et une jambe. Dans la solitude relative que lui imposent ces blessures, le soldat luthérien lit les ouvrages du Jésuite cardinal Bellarmin, il compare les pasteurs protestants aux prêtres dont il recherche l'entretien; et quatre jours après la prise de Bourbourg, où il entrait victorieux, il abjurait l'hérésie, et recevait la sainte communion, dans un élan de reconnaissance qui consola ses vieux jours.

Le grand Condé avait eu pour professeur, à Bourges, le Frère coadjuteur Dubreuil, mathématicien, artiste, maître en perspective et dans l'art des fortifications.

Premières Communions publiques.

Pendant que les Jésuites enseignaient les hautes sciences, ils se dévouaient également aux classes laborieuses ou indigentes.

Vers le milieu du *grand siècle* (xviie s.) vivait à Naples dans l'apostolat du plus bas peuple, le P. François Brancaccio. Pour cette misérable population il avait surtout à cœur l'instruction des enfants, et jusqu'à l'âge de soixante-quinze ans on le vit assidu au catéchisme comme à la confession des petits enfants, qui l'occupait plusieurs heures chaque jour. Dans les populeux quartiers de Naples, il rencontra des milliers de pauvres enfants qui n'avaient aucune connaissance de la religion, et n'avaient pas fait leur première communion; il en prépara avec zèle le plus grand nombre possible, et pour graver dans la mémoire du pauvre peuple de Naples le souvenir de ce beau jour, il imagina pour eux le beau spectacle jusqu'alors inconnu *d'une première communion publique.*

Pendant que le P. Brancaccio était au confessionnal, il examinait les enfants qui passaient, et plus d'une fois il sortit pour les engager dans la jeune troupe de ses élèves. Dieu se plut à récompenser son zèle : Un jour il appela de cette sorte un charmant bambin de quatre à cinq ans, et lui posa cette simple question : « Aimes-tu la sainte Madone, la connais-tu ? »

« Ah ! je le crois bien, repartit l'enfant avec un céleste regard.

« Prions-la donc ensemble. »

Puis le bon Père commença la récitation de l'*Ave Maria,* que l'enfant récitait en même temps, avec une grande ferveur.

Mais arrivé à ces mots : « Et Jésus le fruit de vos entrailles est béni », l'enfant s'arrête ; le Père étonné l'interroge du regard... L'enfant se penchant alors vers lui avec amour lui dit : « *Jésus, c'est moi !* » et disparut.

CHAPITRE X

Arts et Industries.

I

Le Pont d'Avignon.

Nous avons dit un mot des routes et chaussées dues
au génie inventif des moines, qui voulaient soulager les
populations, partout où ils établissaient un monastère.

Au xii° siècle le passage des rivières et celui des grands
fleuves au cours rapide, se faisait en barque ; il n'était
pas rare que les voyageurs tombassent victimes des
crues subites, des courants impétueux ou même des
infidèles bateliers.

L'Eglise, là encore, va inspirer le zèle de ses saints.

Le 13 septembre de l'an 1177, un enfant de douze ans
était debout au pied d'un arbre, gardant un petit troupeau
de moutons et suivi d'un chien fidèle. Ce pauvre berger, d'une petite taille, fils d'une veuve de la commune
d'Hermillon près Saint-Jean-de-Maurienne (en Savoie),
était nommé Benoît, et plus souvent *Benezet*, car tout
était *petit* en cet enfant : son troupeau, sa famille, ses
qualités extérieures même ; il attira cependant les regards
de Dieu. Riche des dons de la grâce et de la piété,
il travaillait avec une ardeur au-dessus de ses forces,

il s'efforçait déjà d'imiter les saints par sa résignation et son obéissance.

Ce jour-là, le timide berger, témoin pour la première fois d'une éclipse totale de soleil, regardait le ciel avec terreur ; il avait rappelé ses moutons et son chien, ne pouvant s'expliquer une obscurité semblable au milieu du jour, sans orage et sans motif connu.

Tout à coup une voix se fait entendre, elle appelle par trois fois l'enfant par son nom : Benezet? Benezet ?

« Eh ! qui êtes-vous? répond le berger, où êtes-vous? J'entends votre voix, mais je ne vous vois pas.

« Ne crains rien, reprend la voix, je suis le Dieu qui ai fait le ciel, la terre, la mer et les fleuves.

« Que voulez-vous, Seigneur, dit alors Benezet avec respect et piété en joignant les mains.

« Je veux que tu laisses ton troupeau, et que tu ailles *pour moi* bâtir un pont sur le Rhône.

« Seigneur, j'ai bien entendu parler du Rhône, mais je ne sais où il est ; et je ne puis pas désobéir à ma mère qui m'a confié nos moutons.

« Va, mon enfant. Je donnerai un conducteur à tes brebis, et toi-même recevras un compagnon qui te conduira vers le Rhône.

« Seigneur, reprend Benezet, je n'ai que trois oboles. Comment puis-je construire un pont ?

« Tu le construiras, reprend la voix, car je t'en ferai trouver les moyens. »

Le pieux enfant aussi généreux que les apôtres, quitta sa mère et son troupeau pour obéir à Jésus-Christ, et partit à l'exemple de saint Joseph sans savoir où il allait, ni pour combien de temps il abandonnait son pays. Content de son obéissance, Dieu lui envoya presque aussitôt un ange sous l'apparence d'un voyageur; il s'approcha de Benezet et lui proposa de le conduire sur

Histoire du Pont d'Avignon

le Rhône, au lieu même où le Seigneur voulait un pont. Le fleuve d'un cours rapide et impétueux, est de plus sujet à des crues énormes qui ravagent le pays. A cette époque aucune digue, aucun travail pour contenir les eaux n'existaient encore. Traverser le Rhône était une entreprise souvent dangereuse, et plusieurs Juifs profitaient de la difficulté, pour rançonner les voyageurs qui voulaient user de leurs barques.

L'ange et l'enfant étaient parvenus au rivage, Benezet saisi de frayeur à la vue de la majesté du fleuve s'écria :

« Il est impossible que je fasse un pont ici.

« Ne crains rien, répond l'ange ; va vers cette barque, passe à Avignon, et parle à l'évêque que tu trouveras au milieu de son peuple. »

Puis, ce disant, il disparut.

Le pauvre berger s'approche du batelier Juif et lui demande pour l'amour de Dieu et de la sainte vierge Marie, de le conduire à l'autre rive.

« Je me soucie bien de Dieu et de la Vierge, répond brutalement le Juif ; il me faut de l'argent ou tu resteras là ! »

Benezet comprit que cet homme avait fait son dieu de l'argent, et comme il fallait passer, il donna ses trois oboles, toute sa fortune !

En entrant à Avignon il apprit que l'évêque réuni avec tout le peuple à l'église, y prêchait à cette heure même ; le saint enfant reconnut la vérité des paroles de l'ange et s'avançant jusqu'à la chaire il dit à haute voix :

« Seigneur évêque, et vous, peuple fidèle, écoutez-moi : Jésus-Christ m'envoie ici vers vous pour construire un pont sur le Rhône. »

L'évêque indigné d'une telle audace, ordonne de mener l'enfant au prévôt ou gouverneur de la ville, comme un insensé ou un téméraire. Benezet, loin de se contrister, se réjouissait de supporter quelque affront pour obéir à Jésus-Christ. Il répéta modestement mais avec fermeté sa demande.

— Comment, s'écrie le magistrat, un enfant de ton âge, de ta taille, sans le sou et sans études, prétend construire un pont là où personne n'a pu même essayer! Dieu lui-même n'y arriverait pas.

— C'est pourtant Dieu qui le commande et Dieu qui m'envoie, répond l'enfant.

— Dieu sait que pour un pont il faut des pierres énormes; il y en a une énorme devant mon palais; si tu la portes ici, ou si tu la remues seulement je te croirai, sans quoi on te jettera en prison. »

Plein de foi et de courage, l'enfant se met à genoux; il prie avec larmes, fait le signe de la croix sur la pierre qui avait, dit la chronique, 30 pieds sur 17 de large, « la charge sur ses épaules et la dépose au lieu où « devaient être jetées les fondations de la première « pile. »

La foule enthousiasmée suivait le saint avec des cris de joie; on baisait les vêtements du pauvre berger, et, pour prendre part à l'œuvre de Benezet, on recueillit à l'instant cinq mille sous pour commencer sans retard.

Une entreprise qui semble de nos jours si aisée, était au contraire aussi difficile que nécessaire. Jusque-là on trouvait sur les bords des fleuves, des bateliers le plus souvent unis en corporation, qui transportaient les marchandises et les voyageurs d'une rive à l'autre; mais, lorsqu'ils naviguaient sur les cours d'eau rapides, au lit incertain, aux flots parfois irrités, ou qu'ils n'étaient liés par aucun règlement, ils réclamaient un salaire exagéré; on prétend même que des voyageurs dépouillés de leurs richesses, « au lieu de passer d'un bord à l'autre de la rivière, avaient abordé aux rives éternelles. »

Là comme partout, la religion vint au secours de l'humanité. Des *corporations religieuses* ou *Frères pontifes* s'engagèrent par vœu à se tenir au service des voyageurs, pour leur faciliter le passage, les défendre contre tous dangers et même les recevoir au besoin dans les hôpitaux. On peut se rendre compte du service vraiment incomparable que devait rendre la construction d'un pont sur le fleuve si mouvementé du Rhône.

La réputation de Benezet contribua également à lui attirer des disciples ; ils formèrent promptement la corporation des Frères Pontifes d'Avignon, et s'engagèrent en particulier à construire, conserver et entretenir le pont dont Jésus-Christ lui-même était en quelque sorte l'entrepreneur ; mais Benezet refusa constamment le titre de prieur, et la Communauté ne fut établie en religion qu'après sa mort. Il n'en continuait pas moins à se dépenser tout entier pour l'œuvre charitable qui lui était confiée.

Il commença d'abord par obtenir de plusieurs riches propriétaires, la cession des terres qui leur appartenaient à l'endroit désigné pour le pont ; ensuite il acheta une petite maison pour y loger ses frères et tous les pèlerins indigents. Le Ciel se plaisait à multiplier les prodiges pour accréditer le zèle du pieux berger ; il guérissait une foule de malades, appelait à lui les paralytiques qui recouvraient à sa parole l'usage de leurs membres. Il changeait l'eau en vin pour fortifier les travailleurs ou les pauvres ; et lorsque les ouvriers manquaient de matériaux, il ordonnait de creuser la terre, et les pierres s'y trouvaient en abondance.

Malgré tous les soins de Benezet, il ne parvint pas à terminer le pont.

Le Rhône se divisait (comme aujourd'hui), à la hauteur d'Avignon, en deux branches séparées par l'île de la Barthelasse. Aucune digue ne retenait le fleuve dans son lit, et souvent il franchissait ses limites naturelles, au moment des crues produites par la fonte des neiges du Saint-Gothard, où il prend sa source; le pont devait s'étendre en dix-huit arches sur une longueur de 1.840 *mètres* (on disait alors *pas*).

Outre les difficultés matérielles, le démon jaloux de la sainteté du serviteur de Dieu, renversa pendant la nuit une arche du pont; Benezet l'apprit du Ciel, et avertit ses Frères qu'ils eussent à l'accompagner à Avignon où l'ennemi venait de ravager leur travail.

Le pont commencé par saint Benezet ne fut terminé que l'an 1188, c'est-à-dire quatre ans après son bienheureux trépas.

Sa longueur, la hardiesse de ses arches, la régularité de sa construction, le firent regarder comme un chef-d'œuvre. Le corps du saint avait été, selon son désir, placé dans la chapelle de Saint-Nicolas qu'il avait fait élever sur la troisième arche du pont; en 1669 l'hiver avait été si rigoureux, que les blocs de glace charriés par le Rhône emportèrent deux arches. On voulut alors retirer les restes précieux du saint corps qui fut retrouvé sans corruption « exhalant une suave odeur, vêtu d'une sorte de chemise de lin attachée au cou et qui n'adhérait nulle part à la chair. La tête était légèrement inclinée; la face se présentait aux yeux avec une telle intégrité, qu'elle permettait de distinguer presque tous les traits; la bouche entr'ouverte et les lèvres légèrement écartées comme celles d'un homme qui sourit, laissaient voir à nu la pointe des dents, et entr'elles la langue à peu près aussi épaisse que celle d'un homme en vie, et dont la couleur était semblable à celle d'une rose desséchée,

La couleur des mains et de tout le corps différait peu de la couleur naturelle (1). »

Les reliques dispersées pendant la Révolution, et partagées entre plusieurs familles qui en assurèrent ainsi la conservation, furent enfin réunies et transportées solennellement à Avignon dans l'église Saint-Didier le 1ᵉʳ janvier 1854.

Les partisans de l'antipape, Pierre de Lune, coupèrent en 1395 une des arches du pont pour s'emparer du palais du Pape, résidant alors à Avignon ; elle fut rétablie peu d'années après. Mais en 1602 les crues effroyables du fleuve emportèrent trois arches, et trente ans plus tard deux encore, de telle sorte qu'il fallut établir comme passage une charpente en bois. Elle dura peu ; et les désastres causés par les glaces de l'hiver de 1669 à 1670 réduisirent le pont à n'être plus qu'une ruine gigantesque, dont les majestueux débris sont continuellement et périodiquement rongés, puis ébranlés par les flots.

(1) Abrégé des Petits Bollandistes, t. IV.

CHAPITRE XI

Arts et Industries (*suite*).

I

Dans la carrière de l'industrie et des arts,plus que dans toute autre, le choix doit être nécessairement libre, et dépendre de l'aptitude donnée par Dieu à *l'artiste;* aussi le législateur par excellence, saint Benoît, n'a-t-il imposé à l'exercice de l'art choisi par les religieux qu'une *seule condition, l'humilité.*

Nous avons résolu de n'aborder en aucune manière l'histoire même abrégée de la peinture : le sujet trop vaste demanderait un volume, et plutôt que de le mutiler nous nous tairons. Quant à l'architecture, les monuments parlent, les pierres de nos cathédrales « portent leurs clameurs » enthousiastes jusqu'au trône de Dieu. Mais laissons encore de côté l'examen de ces plans gigantesques dont l'exécution serait impossible à notre âge : disons seulement que les religieux furent les *maçons* de leurs édifices. Le matin, après avoir célébré la messe ou reçu la sainte Eucharistie, ils prenaient la truelle et les outils du manœuvre ; ils s'imposaient les fatigues, les veilles, les dangers de l'état de maçon, et ne soutenaient le plus souvent leurs forces que par le jeûne, la prière et le chant des psaumes ; si l'architecte se trouvait dans le rang des plus jeunes moines, l'abbé travaillait sous ses ordres, obéissant alors d'autant plus volontiers à ses fils qu'il était plus digne de leur commander. L'histoire a gardé les noms de grands seigneurs devenus ainsi ouvriers, et préférant à leurs titres de noblesse celui de *cimenteur* dans la maison de Dieu.

Si l'Eglise construit alors des forteresses, c'est bien plutôt pour y abriter les peuples contre les exactions que pour les dominer ; la preuve en est à la multitude qui, de tous côtés, se réfugiait sous l'égide des évêques et des monastères. Les papes eux-mêmes, et entre les autres saint Nicolas Ier (858-867), avaient grand souci de mettre les habitants des villes à l'abri des invasions. La ville d'Ostie que Grégoire IV avait construite, ne semblait pas assez fortifiée contre l'irruption des Sarrasins ; les remparts furent rebâtis et flanqués de tours ; les défenses, munies d'engins de guerre et d'une garnison nombreuse et vaillante, firent bientôt de la ville une citadelle redoutable, en même temps qu'un refuge contre toutes les surprises.

Saint Félix, évêque de Nantes, fait creuser le beau *port de la Fosse;* à Rome, l'aqueduc ne retenait plus les eaux pour les conduire au Vatican, et tous les jours les pauvres, les pèlerins qui séjournent de longues heures sous le portique, gémissaient brûlés par la soif. Saint Nicolas rebâtit entièrement l'aqueduc aux frais du trésor pontifical ; cette sollicitude des papes s'est montrée vraiment paternelle dans tous les siècles, et les travaux immenses, entrepris et exécutés par le bien-aimé pape Pie IX, sont connus de tout le monde et ont rempli le peuple romain d'allégresse et de reconnaissance.

La variété des travaux des moines n'est pas un des moindres sujets d'admiration ; le conseiller des princes, comme saint Dunstan, Gerbert etc., pouvait être en même temps facteur d'orgues, orfèvre, mathématicien, astronome, géomètre; il fabriquait des instruments d'horlogerie, cultivait la musique, enrichissait le cloître de peintures magnifiques, et les manuscrits de miniatures inimitables.

Tel fut, entre les autres, le conseiller des princes à la cour des rois mérovingiens.

SAINT ELOI, ORFÈVRE, PATRON DES BATTEURS D'OR

Avant la naissance d'Eloi sa pieuse mère vit en songe la haute sainteté de son fils et résolut de nommer *Eligius* (choisi), l'enfant prédestiné dont Dieu lui confiait la garde. Eloi aimait le travail, mais son adresse merveilleuse était surtout le fruit de son intelligence; la méditation des saintes Ecritures, le récit du commentaire qu'il entendait à l'église faisaient le sujet ordinaire des conversations de l'atelier; saint Ouen, son ami, raconte qu'Eloi avait placé des reliques et des livres rangés en cercle sur un axe mobile, afin d'avoir constamment sous les yeux le texte sacré, pour inspirer les ciselures de ses chefs-d'œuvre.

Le trésorier de l'atelier royal présenta Eloi à Clotaire qui voulait un trône en bronze ciselé. Au lieu d'un trône, Eloi en exécuta deux, ne voulant pas détourner ni laisser perdre la moindre parcelle de la matière précieuse. Ce trône est celui sur lequel les rois de France se sont assis jusqu'au xviᵉ siècle, pour recevoir de leurs vassaux le serment de fidélité. Les objets d'art dûs au génie de saint Eloi sont énumérés dans l'ouvrage intitulé : *Orfèvrerie mérovingienne*.

En même temps que l'artiste enfantait des merveilles, le saint croissait dans la vertu; après avoir travaillé le jour, il prolongeait sa prière avant de se coucher sur un cilice. Dieu récompensa son serviteur par des visions

angéliques et par une suite de prodiges qui le firent sur-
nommer *le thaumaturge*. L'incendie menaçait de réduire
en cendres dans la capitale l'île de la Cité. Eloi se met à
genoux, change la direction du vent et sauve la ville. Un
autre jour il tend la main à un boiteux qui se relève
guéri. Promu au siège épiscopal de Noyon, Eloi « rompant
avec les habitudes sédentaires de l'épiscopat, s'enfonce
dans les campagnes, visite les tribus des Suèves, des
Frisons et des barbares de la Flandre jusqu'à Anvers. »
A sa voix, une véritable moisson d'âmes s'entasse dans
les greniers du Père de famille ; il construit partout des
églises et des monastères, délivre les esclaves, se dépouille
non seulement de toute richesse, mais distribue aux
pauvres ses trésors, ses vêtements et jusqu'au pain
nécessaire à sa pauvre nourriture. Voilà quel était le
saint évêque, en même temps artiste, orfèvre, et zélé
missionnaire ; « l'intendant des monnaies du roi méro-
vingien fut le Vincent de Paul du VIIe siècle ! »

II

Un autre évêque, saint Benoît Biscop (628), avait été
appelé dès l'enfance à la cour du roi saxon Oswy où la
noblesse de sa naissance lui assurait un emploi et un
fief ; mais les honneurs du siècle ne pouvaient remplir
son cœur ; à vingt-cinq ans il rend au roi ses domaines,
renonce à la famille et se dirige vers Rome où son zèle
le ramènera jusqu'à six fois différentes, dans un temps
où « le voyage d'Angleterre à Rome était deux fois plus
long et cent fois plus dangereux, que ne l'est aujour-

d'hui le voyage d'Angleterre en Australie. » Benoît voulait d'abord vénérer le tombeau des saints Apôtres; mais son second but était de se procurer des livres, pour lesquels il eut toujours une véritable passion. Au retour de son quatrième voyage, il obtint du roi Egfrid un domaine considérable, situé à l'embouchure de la Wear, d'où le monastère a pris le nom de Wearmouth. L'abbé posa la première pierre de l'église qui devait abriter les reliques insignes apportées de Rome ; un an ne s'était pas encore écoulé, que « les Anglais admiraient des voûtes en pierres qui excitaient leur surprise et leur admiration. » C'est que l'abbé avait une fois encore traversé la mer, pour chercher en France les *cimenteurs* dont les moines de Cantorbéry avaient reconnu l'habileté. Il fit « *voûter* » *son église* à la romaine et après avoir représenté sur les murs des deux églises de son monastère la vie de Notre-Seigneur. avec les figures bibliques qui l'avaient symbolisé ou prophétisé, il imagina d'en faire *vitrer les fenêtres*. « Pour cela, dit le Vénérable Bède, il envoya chercher des fabricants de vitres employés en France dès le VIIe siècle, mais dont l'art était encore inconnu en Angleterre. Tout ce qui était convenable au ministère de l'église et de l'autel, aux vases sacrés ou aux ornements, il le fit venir avec grande dépense des régions les plus lointaines et d'au delà des mers. Après avoir vitré les fenêtres du monastère, les ouvriers enseignèrent aux Saxons l'art de la verrerie. C'est un des plus anciens exemples de l'emploi des vitraux ; peut-être même furent-ils déjà coloriés.

Plus tard Egfrid crut racheter ses guerres injustes, en assignant un second domaine aux religieux ; ils fondèrent le monastère de Yarrow à l'embouchure de la Tyne. L'église en fut dédiée à saint Paul et le jeune parent de saint Benoît, Easterwine, en devint le supérieur. Le pieux

enfant avait surtout à cœur de devancer tous les Frères
dans la vertu et dans le travail ; beau de corps et de visage,
d'une parole douce et noble, à peine Easterwine était-il
arrivé aux domaines qu'il visitait en l'absence de Benoît,
qu'il se mettait à la charrue, prenait le marteau du for-
geron, le van ou le fléau des moissonneurs ; à son tour,
il servait à la cuisine, au jardin, à la boulangerie et aux
soins de l'étable ; il couchait au dortoir, et ne souffrait
jamais aucune privauté dans la nourriture, le logement
ou les habits. Cinq jours avant sa mort, le saint abbé se
retira dans la solitude pour se préparer au dernier passage ; un soir il descendit au jardin, puis ayant réuni ses
Frères, il les embrassa une dernière fois et rendit son âme
à Dieu la nuit suivante, pendant que les religieux chan-
taient matines.

Frappé au cœur par la disparition prématurée du pieux
abbé de trente-six ans, saint Benoît Biscop revint au monastère pour y mourir ; mais Dieu, avant de l'appeler au
repos, acheva de le purifier par la souffrance. Ses membres
douloureusement paralysés l'un après l'autre lui refusèrent
tout secours ; il dut garder le lit pendant trois années ; la
prière, la psalmodie et la lecture assidue de l'Évangile
consolaient ses insomnies et abrégeaient le temps ; les
moines se remplaçaient près de sa pauvre couche pour
réciter chaque partie de l'office divin. Benoît mêlait sa
voix affaiblie à la leur ; puis il redoublait aux jeunes
religieux ses conseils et ses recommandations. En même
temps que Benoît, Dieu avait frappé son coadjuteur
Sigfried, digne successeur de Easterwine ; il se mourait
de la poitrine ; pour donner aux deux agonisants la consolation de se revoir, on « dut transporter Sigfried sur le
grabat de l'abbé ; on leur posa la tête sur le même oreil-
ler, mais ils étaient tous les deux si faibles, qu'ils ne pouvaient même s'embrasser. Il fallut encore que des mains

fraternelles les aidassent à rapprocher leurs lèvres vénérables. Tous les moines se réunirent autour de ce lit de douleur et d'amour.... » « Benoît, le vainqueur des vices et l'illustre propagateur des vertus, abattu par l'infirmité touchait à la dernière heure ; son âme vaillante depuis longtemps épurée par la privation sainte de toutes les joies terrestres, abandonna enfin son corps, comme la flamme brillante s'élance de la fournaise lorsqu'elle n'a plus rien à consumer. » *(Vies des abbés bénédictins.)* C'était le 12 janvier 690 ; saint Benoît Biscop avait alors soixante-deux ans.

L'histoire dé l'abbaye allemande à Tegernsee nous apprend que dans la peinture, la sculpture et l'orfèvrerie, les religieux se signalèrent entre tous ceux de leur pays. L'abbé reçut en présent du seigneur Arnold (vers 980) les premiers vitraux connus en Allemagne et lui écrivit : « Grâce à vous, pour la première fois, le soleil promène ses rayons dorés sur le pavé de notre basilique, en passant à travers les peintures qui s'étalent sur des verres de diverses couleurs ; tous ceux qui jouissent de cette lumière nouvelle admirent l'étonnante variété de cette œuvre extraordinaire, et leur cœur se remplit d'une joie inconnue. »

Les siècles suivants du moyen âge n'ont pas dégénéré ; il suffit de nommer les merveilleuses *verrières* de Chartres, de Reims, de Bourges, de la Sainte-Chapelle, etc., etc. Mais de nos jours le goût décline pour cet art comme pour tant d'autres ; il n'est pas rare d'entendre préférer les vitraux à peine translucides (et comme l'on dit aux couleurs éteintes) aux incomparables splendeurs des vitraux anciens, au travers desquels la lumière inondait le parvis du temple des jeux multiples de toutes les pierres précieuses. Heureux encore si l'on n'en vient pas à remplacer ces belles vitres, par les productions modernes d'un art que l'on cherche sans le trouver. C'est peut-être même pour couvrir son impuissance, que notre industrie voudrait donner le change, et tend à incliner le goût vers les produits qu'elle peut offrir, mais qui sont aussi loin des vitraux anciens que l'ombre de la pleine lumière.

CHAPITRE XII

Verrerie.

Il est impossible de donner sur chacun des arts les
détails si variés qui intéresseraient nos lecteurs; nous
choisissons les objets dont l'emploi est plus habituel,
pour leur faire connaître la façon dont l'artiste doit tra-
vailler la matière, avant d'obtenir les résultats dont nous
jouissons tous les jours, sans même y réfléchir.

Les anciens ont excellé dans la fabrication du verre;
ils connaissaient aussi la peinture sur verre, c'est-à-dire
l'art de lui donner des couleurs variées; ils imitaient
même les pierres précieuses au point qu'on pouvait s'y
méprendre. Hérodote témoigne qu'il y avait, à Tyr, dans
le temple d'Hercule, une colonne d'une seule émeraude
qui jetait un éclat extraordinaire, « évidemment cette
colonne était tout simplement du verre coloré dans
la masse. Il en était de même de la statue de Sérapis,
haute de neuf coudées. » Les verriers de la Grèce imitaient parfaitement l'hyacinthe, le saphir, le rubis et
l'émeraude; cependant l'art de colorer le verre ne parut
à Rome que du temps d'Auguste; encore les ouvrages
de ce siècle n'étaient, à vrai dire, que des mosaïques en
verre; chacun des tons était un petit morceau de verre
enchâssé à d'autres fragments. « Ce furent surtout, dit
Batissier (1), les premières basiliques que l'on décora de
verres de diverses couleurs. »

(1) *Histoire de l'art monumental* et *Traité de la peinture sur verre.*

« Les poëtes chrétiens se plaisent à célébrer cette invention. Prudence, dès le IV⁰ siècle, parle des vitraux dont était enrichie la basilique de Saint-Paul-hors-des-murs, à Rome. « Dans les fenêtres cintrées, dit-il, se déploient des vitraux de diverses couleurs ; ainsi brillent les prairies ornées des fleurs du printemps. » Dès le V⁰ siècle les basiliques gauloises avaient leurs vitraux, car nos ancêtres se sont toujours promptement assimilé tous les arts connus. Les plus anciennes verrières se composaient d'un assemblage de pièces de verre teintes dans la pâte, on les unissait au moyen de tiges de plomb qui dessinaient les principaux motifs des sujets représentés, et l'ensemble de la verrière était maintenu par une armature de fer. C'était donc encore plutôt la *peinture en verre* ; les procédés de la *peinture sur verre* n'étaient cependant pas perdus, ainsi qu'on peut le constater dans la description qu'en a donnée le moine Théophile au XII⁰ siècle (1).

Au IV⁰ siècle, Constantin ayant transporté le siège de l'Empire à Byzance, l'art de la verrerie tomba rapidement et finit par disparaître de l'Occident ; l'Empereur en appelant à Contantinople les fabricants romains et gaulois, n'eut garde d'oublier les verriers, ils étaient même l'objet d'une protection spéciale et leur art les exemptait de tout impôt.

« On trouve, dit le moine Théophile, dans les mosaïques des édifices antiques des païens, diverses espèces de verre, à savoir : du blanc, du noir, du vert, du jaune, du bleu, du rouge, du pourpre ; il n'est pas transparent, mais opaque comme du marbre. Ces verres ressemblent à ces petites pierres carrées dont sont faits

---

(1) Depuis le XII⁰ siècle que cet ouvrage a été publié et où la peinture sur verre commença à être pratiquée en France, il n'a jamais cessé d'être réimprimé et consulté.

Saint Éloi s'inspire des Livres Saints (page 105).

les émaux sur or, sur argent et sur cuivre. » Il ajoute encore « que les Grecs décoraient les vases de verre opaque de couleur bleu-saphir. »

Outre les procédés antiques, les ouvriers byzantins inventèrent de nouveaux procédés inconnus jusque-là. De tous leurs produits, les plus utiles furent les *vitraux* dont les Romains avaient les premiers connu la fabrication et l'usage. Au iv° siècle, Lactance et saint Jérôme parlent de vitres placées aux fenêtres des églises. Fortunat de Poitiers, contemporain au vi° siècle, de saint Grégoire de Tours, félicite les saints évêques du soin qu'ils prenaient d'éclairer les églises par des vitraux. C'est seulement au xii° siècle que l'on imagina d'employer également le verre pour les fenêtres des habitations ; à la même époque on voit commencer en Europe les premières *peintures sur verre*.

Au xii° siècle, les artistes commencèrent à user des noirs vitrifiables pour accuser leurs contours : les plus remarquables essais de ce genre furent exécutés par l'ordre du grand ministre, l'abbé Suger, au chevet de l'église de son abbaye de Saint-Denis. A partir du xv° siècle on employa surtout la peinture sur verre ; elle se fait comme toute autre peinture au moyen de couleurs vitrifiables et de mordants. « Les vitraux sortis des mains des artistes contemporains, souvent égaux ou supérieurs pour le dessin aux vitraux anciens, n'atteignent point à la vivacité et à l'éclat des tons de ces derniers malgré les essais tentés pour ressusciter cet art. »

« Les Anglais, dit Levieil dans l'*Art de la peinture sur verre*, ne savaient pas ce que c'était que verrerie et vitrerie, jusqu'à ce que saint Wilfrid eût fait venir de France des vitres et des vitriers pour fermer les fenêtres de sa cathédrale d'York que saint Paulin avait fait bâtir. »

Le même auteur nous apprend que saint Benoît Biscop alla chercher en France les artistes verriers. Ce fut donc de la France que les Anglais apprirent l'art de la verrerie et de la vitrerie, dans lequel ils se rendirent promptement habiles ; « les saints évêques Villebrod, Ouinfrid et Villehade, Anglais d'origine, en portèrent, dans leurs missions, la connaissance pratique chez les Allemands. » (L'abbé Fleury.)

Au xvi⁰ siècle, on enlevait les carreaux des fenêtres en l'absence des seigneurs, il était recommandé de les déposer en lieu sûr pour les remettre en place à leur retour. A Paris même, au xvii⁰ siècle, il existait encore des *châssissiers*, ouvriers spéciaux qui garnissaient les fenêtres de carreaux de papier.

Qu'est-ce donc que le verre ? Et comment se fabrique-t-il ? Sans doute l'industrie du verre et du cristal est l'une des plus intéressantes des industries chimiques ; dans l'impossibilité d'aborder le sujet tout entier, nous dirons un mot seulement du *verre*, et de son emploi dans les *vitres* et les *vitraux*.

« Le verre, écrit M. Figuier (1), est une substance diaphane composée d'un mélange de silicates alcalins et terreux, de couleur quelconque, cassante, dure à la température ordinaire, fusible à la chaleur d'un feu ardent, et malléable dans cet état.

(1) *Merveilles de l'Industrie*. Les 250 pages qu'il consacre au verre nous ont fourni la plus grande partie de cet article.

Les ouvrages scientifiques de cet auteur sont pleins de détails curieux mis à la portée des jeunes intelligences déjà cultivées ; on y rencontre çà et là cependant, des erreurs capitales sur les vérités enseignées par l'Eglise. Nous n'en sommes pas étonnés, car M. Louis Figuier, parlant du « lendemain de la mort, » a écrit cette phrase : « Une âme en peine « cherche le bonheur dans les astres (*sic*) sans pouvoir le trouver. » Nous lui répondrons : « Certes, je le crois bien, si elle ne monte pas au-dessus « des astres, jusqu'à Dieu vers lequel toute âme aspire ; vers Dieu *notre* « *souverain bien, notre dernière fin*, et qui seul peut *remplir notre âme* « faite pour le posséder. »

« Ce produit de l'industrie chimique s'obtient en fondant dans un creuset, chauffé à une haute température, un mélange de silice et d'une ou plusieurs bases (1).

« En modifiant la nature et les proportions des éléments qui constituent le verre, on obtient les variétés de verre employées dans l'industrie. Le *verre à vitres* est composé de silice, de soude et de chaux. Tous les verres ont un élément commun, la silice »

Deux procédés sont en usage pour la fabrication du verre à vitre ; nous parlerons de celui qui est adopté en France et dans la plupart des autres pays de l'Europe. C'est le procédé dit des *manchons*.

Le *gamin* (c'est ainsi que l'on nomme l'ouvrier aide du souffleur), vient de balayer la place afin qu'aucune poussière ne s'élève du sol de l'usine et n'altère le verre.

L'ouvrier plonge sa canne dans le creuset par l'*ouvreau* (ouverture du creuset) en la faisant tourner sur elle-même. (On sait que la canne est un tube creux en fer, d'une longueur moyenne de 1^m,60 et d'un diamètre de 26 millimètres). Comme le verre est trop chaud pour adhérer en grande quantité à la canne, le verrier la retire un instant, et renouvelle cette opération jusqu'à ce qu'elle soit chargée de 600 à 700 grammes de verre. Alors il pose la canne chargée de verre, sur un *bloc* (ou plaque de marbre), arrondit le verre avec sa *batte* de fer et souffle dans la canne pour introduire un peu d'air dans la masse de verre. Quatre cueillages successifs, donnent un manchon de 1 mètre environ sur 70 centimètres de diamètre creux, et pèse au moins 5 kilogrammes.

L'ouvrier souffle de nouveau ; le verre affecte alors la forme d'une poire. Il appuie le col sur le bloc pour

(1) La chimie nomme *base*, tout corps susceptible de se combiner aux acides.

arrêter le grossissement, ainsi qu'il est convenable ; il fait ensuite exécuter à sa canne deux ou trois moulinets et reporte le verre à *l'ouvreau*. Quand il est suffisamment ramolli par la chaleur, l'ouvrier reprend la pièce, et tout en soufflant dans la canne il lui imprime un balancement régulier ; le souffle tend à gonfler la boule, le balancement tend à l'allonger : la résultante de ces deux actions allonge le manchon, tout en lui donnant une forme cylindrique.

La même opération doit être renouvelée jusqu'à ce que le manchon ait atteint les proportions voulues.

Il s'agit maintenant de transformer le cylindre en une lame de vitre, et pour cela on doit fendre le manchon dans la longueur. Il suffit de promener à l'extérieur, le long d'une même arête, une tige de fer appelée *fer à fendre* et dont l'extrémité est chauffée au rouge.

Puis on introduit graduellement sur une plaque de fer, dans des fours dits *à étendre* et chauffés très doucement, les manchons fendus ; la chaleur amollissant le verre, les deux parties du manchon s'affaissent et s'étalent, en formant une plaque horizontale, que l'ouvrier devra cependant égaliser encore pour obtenir une surface bien plane.

Quant à la peinture sur verre : « Ce qui est vrai, dit M. Figuier, ce qu'il faut dire, c'est que le génie des peintres-verriers du moyen âge ne se retrouve pas chez les peintres-verriers de nos jours.

« Il faut bien savoir que la peinture sur un écran transparent diffère en tous points de la peinture sur tâche ; car les résultats que l'on obtient sur une surface que la lumière traverse librement, n'ont presque rien de commun avec ceux que l'on détermine en étalant la couleur sur une surface opaque. L'étude approfondie de ce genre spécial d'effets lumineux, manque à nos artistes modernes, et c'est là ce qui explique l'infériorité des vitraux de notre temps sur les vitraux anciens, au point de vue du style, de la pensée et de l'art. »

M. Viollet-Leduc écrit à son tour (1) :

« Vouloir introduire les qualités propres à la peinture opaque dans la peinture translucide, c'est perdre les qualités précieuses de la peinture translucide sans compensation possible... Le rayonnement des couleurs translucides dans les vitraux ne peut être modifié par l'artiste ; tout son talent consiste à en profiter suivant une donnée harmonique sur un seul plan, comme un tapis, mais non en suivant un effet de perspective aérienne. »

(1) *Dictionnaire de l'architecture française.*

CHAPITRE XIII

**Les cannes creuses. — Vers à soie. — Porcelaine.
Maroquins.**

I

Il est à peu près certain que la Chine fut la première
nation où l'on ait eu la pensée d'élever des vers à soie
pour utiliser les fils précieux dont ils forment leurs
cocons. La tradition du Céleste Empire raconte qu'une
femme de l'empereur avait consacré une partie des jardins à la culture du mûrier, qu'elle-même ayant découvert la façon d'élever les insectes, leur distribuait les
feuilles de mûrier, et introduisit en Chine l'usage des tissus
de soie, dont la fabrication est encore une des richesses
de l'Etat. Soit que les Chinois aient caché leurs produits,
soit que la découverte ne remonte pas, comme ils le prétendent, à l'an 2000 avant Jésus-Christ, on connaissait à
peine les vêtements de soie sous le règne d'Auguste, et le
premier empereur romain qui portât une robe de soie est
Héliogabale, 220 après J.-C.

Pendant toute la durée de l'Empire, les tissus de soie
étaient recherchés avec fureur, à cause de leur prix élevé
qui fit de tout temps apprécier les objets rares ; les
dames romaines, surtout, les portaient avec coquetterie
et les hommes commençaient à suivre cet exemple,

lorsque le sénat leur en interdit l'usage, comme trop luxueux. Ces tissus venaient, sinon tous de l'Extrême-Orient, du moins de Byzance où l'on en fabriquait quelques-uns avec la soie venue d'Asie.

C'est seulement sous le règne de Justinien, vers 530, que *des moines* apportèrent de la petite Boukarie, dans une canne creuse, des *œufs de ver à soie* et enseignèrent en Europe la manière de les élever, et de tisser les étoffes de soie.

L'introduction en France de l'industrie séricicole importante remonte au xiv° siècle. Lorsque le pape Clément V transféra le Saint-Siège à Avignon, capitale du Comtat-Venaissin que lui céda le roi de France, il fit planter des mûriers autour de la ville afin de multiplier les vers à soie. Nombre d'auteurs pensent que cette double importation est due à Grégoire X vers 1274. Il est certain que les fabriques d'Avignon sont les plus anciennement prospères dans notre pays, grâce aux encouragements que les Papes ne cessaient de leur prodiguer. Dans le xv° siècle, il s'en établit d'autres; mais celles de Lyon sont demeurées les plus importantes, car, dès le xvii° siècle, elles employaient douze mille métiers. En 1480 seulement, Louis XI attirait à Tours, dans des manufactures préparées pour eux, des ouvriers grecs, vénitiens et gênois. La grande industrie lyonnaise est le résultat de l'émigration des ouvriers italiens chassés par les guerres religieuses des guelfes et des gibelins au xvi° siècle. La culture des mûriers ne s'étendit dans les provinces du midi de la France que sous Henri IV, mais le grand ministre Colbert imprima un élan définitif à l'industrie des soies, en déclarant que tout propriétaire cultivant les mûriers recevrait vingt sous pour chacun des pieds de cet arbre, si utile à propager.

Toutefois, jusqu'au moment où Jacquart présenta son

métier au jury de l'Exposition, les tissus de soie, en particulier de soie façonnée, étaient difficiles à exécuter.

L'ouvrier chargé du tissage devait faire mouvoir des machines chargées de cordes et munies de pédales ; plusieurs ouvriers l'aidaient dans son travail, et donnaient au moyen des pédales la direction aux fils de chaîne ; le plus souvent c'étaient des jeunes filles qui, pour conduire le brochage, devaient s'astreindre à garder tout le jour et debout les attitudes les plus fatigantes.

Un simple fabricant de chapeaux de paille nommé Jacquart lisait avec intérêt les ouvrages traitant de la mécanique. Un jour il rencontra dans une feuille anglaise l'annonce d'un concours, ouvert aux artistes qui proposeraient le meilleur métier pour fabriquer là dentelle. Son intelligente activité lui fit promptement découvrir les ressorts à mettre en œuvre ; il réussit à faire une pièce de la dentelle proposée, en donna une longueur à un ami, et continua son commerce.

Pendant qu'il oubliait et le métier et la dentelle, celle-ci faisait son chemin et l'on parlait à Paris de l'inventeur. Un matin que Jacquart travaillait paisiblement, il fut appelé par le préfet de Lyon qui lui demandait de voir la machine à dentelle. Jacquart ne se souvint du métier qu'après avoir reconnu sa dentelle ; il demanda un répit pour remettre les rouages en état. Le métier excita l'admiration du préfet, qui reçut l'ordre de transporter à Paris l'invention et l'inventeur. Jacquart fut en quelque sorte enlevé de son domicile sans être averti ; sans obtenir même l'autorisation de faire quelques préparatifs, il fut conduit au Conservatoire des arts et métiers où l'on examina son métier avec soin. Napoléon et Carnot voulurent interroger l'artiste et ce dernier lui demanda comme par dérision s'il « prétendait faire l'impossible : un nœud sur un fil tendu. » Jacquart imprima sans mot dire le mouvement à la machine, et *l'impossibilité* fut démontrée possible !

Vers 1800, c'est-à-dire un peu plus tard, il inventa pour le tissage des soies le métier qui porte son nom ; et il trouva encore le mécanisme régulier par lequel, au moyen d'une simple pédale que l'ouvrier meut lui-même, tous les fils qui doivent se mouvoir sont soulevés ensemble pour former les dessins.

La jalousie des Lyonnais et l'opposition que Jacquart rencontra partout fut si violente, que trois fois il manqua de perdre la vie, son métier brisé par le Conseil de la ville sur la place publique fut enfin brûlé. Le Gouvernement avait néanmoins donné une pension à l'habile inventeur ; mais la malveillance ne cessa qu'au moment où les ouvriers français reconnurent le tort incalculable que la concurrence étrangère causait à leur industrie, depuis que le métier, repoussé à Lyon, fonctionnait partout ailleurs avec succès.

Le métier à la Jacquart est encore en usage et le plus favorable au bon travail, malgré les perfectionnements successifs. On évalue à 90,000 au moins, le nombre des métiers Jacquart employés à tisser la soie ; le poids des soies consommées en France chaque année à 2,500,000 kilogrammes, et le bénéfice de la ville de Lyon seulement à plus de 100,000,000 de francs.

On a évalué le produit de la soie dans tous les pays d'Europe où elle est exploitée : les manufactures françaises donnent à elles seules, un résultat presque égal à celui de tous les pays réunis. Elles possèdent 250,000 métiers rapportant 640 millions ; Lyon compte 70,000 métiers et occupe 150,000 ouvriers.

II

Quant à la porcelaine, c'est au P. d'Entrecolles, supérieur des missionnaires en Chine, que nous devons l'importation de cette magnifique industrie. Jusqu'au xviiiᵉ siècle l'Europe était en cela tributaire à la Chine, et le P. d'Entrecolles disait que de son temps (1712) les Chinois eux-mêmes payaient encore des sommes considérables pour les porcelaines. Les auteurs anciens nous parlent, il est vrai, de terres cuites, mais d'après les recherches consciencieuses de M. Stanislas Julien, il faut reconnaître que la *véritable* porcelaine n'a été découverte en Chine, dans le pays de Sin-ping, que dans le premier siècle de notre ère.

Qu'est-ce donc que la véritable porcelaine ? « La véritable porcelaine dure ou chinoise, est caractérisée par une pâte fine, dure, *translucide,* et une *glaçure* dure, terreuse, nommée couverte. La pâte est essentiellement composée de deux éléments principaux : l'un argileux, infusible ; c'est le *kaolin,* ou seul, ou associé soit avec de l'argile plastique, soit avec la magnésie ; l'autre aride, fusible, est donné par le feldspath ou d'autres minéraux tels que le sable siliceux, la craie, le gypse, ou pris séparément, ou réunis ensemble de diverses manières. La glaçure nommée *couverte* consiste en feldspath quartzeux, tantôt seul, tantôt mêlé avec du gypse, mais toujours sans plomb ni étain (1). »

(1) ALEXANDRE BRONGNIART.

De l'an 200 à l'an 400 la porcelaine chinoise était bleue ; à la fin du viᵉ siècle la ville de King-té-Chin paraît le centre le plus important des manufactures de porcelaine, mais il en existait aussi à Tchang-Nan.

Au xᵉ siècle apparaissent les premières porcelaines nommées *bleu de ciel après la pluie*. Comme tous les empereurs étaient jaloux d'avoir leur porcelaine spéciale, après avoir épuisé la gamme des couleurs connues, ils en imaginaient de nouvelles à leur fantaisie ; de là les noms bizarres mais expressifs, de porcelaine *blanc de lune*, *bleu pâle à l'oignon*, *coquille d'œuf*, etc.

Le P. Jordanus qui fut évêque dans l'Inde au xivᵉ siècle, écrivant ce qu'il avait pu connaître pendant un long séjour en Orient, dit en parlant de la Chine :

« Je n'ai rien appris autre chose digne de relation, sinon que l'on y fabrique des vases magnifiques, ayant des propriétés particulières. »

Il faut bien dire que les Chinois, fort intéressés à garder le plus grand secret sur la composition de la porcelaine, employaient toute leur ruse à tromper ceux qui s'appliquaient à saisir leur méthode. On se bornait à rapporter les produits orientaux ; le mouvement commercial auquel donnait lieu la porcelaine était considérable, mais « la composition de cette matière précieuse restait toujours un secret impénétrable. »

Le P. de Fontenay, jésuite, qui revenait en France après seize ans de séjour au Céleste Empire, apportait lui-même au roi, de la part de l'empereur de la Chine, de riches étoffes, de *très belles porcelaines* et plusieurs pains de thé.

En 1557, la Compagnie des Indes tenta d'envoyer une ambassade à Pékin ; accueillie avec honneur par le grand khan, elle était revenue sans avoir aucun renseignement. « On tirerait plutôt de l'huile d'une enclume, dit le rapport des envoyés, que le moindre secret de la bouche d'un Chinois. Celui-là passerait pour un des plus grands criminels, qui révèlerait ce secret à un autre. »

Ce fut un missionnaire français, François Xavier d'Entrecolles, supérieur des Jésuites en Chine qui, le premier, transmit à la France des détails circonstanciés sur la fabrication de la porcelaine. « Le P. d'Entrecolles comptait parmi ses néophytes, ou convertis au catholicisme, dans la ville de Yao-Tchéou plusieurs Chinois qui travaillaient la porcelaine, d'autres en faisaient le commerce. Le bon missionnaire, mû par le désir d'être utile à sa patrie, réunit tous les documents qu'il pût trouver sur la fabrication des porcelaines ; il observa beaucoup par lui-même, on lui permit de visiter les fabriques, et il réussit à se procurer des échantillons des deux principaux matériaux employés, à savoir le *kao-lin* (argile) et le *pé-tun-tsé* (feldspath).

« Dans une lettre datée de Yao-Tchéou, le 1ᵉʳ septembre 1712, le P. d'Entrecolles fait une longue description de la manière dont les Chinois procèdent à la fabrication de la porcelaine. Il joint à cette lettre tous les échantillons qu'il avait recueillis des pâtes, des minéraux, des moules, des combustibles, des produits fabriqués, etc., etc. De plus il donne les plus curieux détails de la ville de *King-ti-chin*, qui fut pendant huit siècles le siège de la manufacture impériale, et qui était à cette époque même, en pleine prospérité.

C'est de la découverte du P. d'Entrecolles que datent tous les essais successifs qui ont abouti aux magnifiques produits de la manufacture de Vincennes, dont Louis XIV acheta toutes les actions en 1753, dont il transporta les ateliers à Sèvres en 1756 et à laquelle il donna le titre de *manufacture royale*.

Pour arriver à la bonne fabrication, la pâte à porcelaine subit une série d'opérations minutieuses.

Elle doit d'abord séjourner longtemps dans des cuves ou fosses profondes. Bien que l'on ait relégué au rang des fables, la prétention chinoise qui dit que cette macération doit durer cent ans, il est avéré que la meilleure pâte a demeuré longtemps dans les cuves.

La pâte est ensuite *marchée*, c'est-à-dire pétrie par des ouvriers et réduite en boules ou *ballons*.

Les *tourneurs* ou les *mouleurs* lui donnent les formes voulues ; les *enfourneurs* mettent les pièces au four ; enfin le travail est terminé par les *émailleurs*, les *fleuristes* et les *brunisseuses*.

Le secret de la dorure sur porcelaine fut acheté par le directeur au Frère Hippolyte. Toutefois le grand essor donné à la fabrique, date seulement de la découverte du kaolin dans l'argile de Saint-Yrieix, qui permit d'arriver sans frais exorbitants à la *porcelaine dure*.

Cette précieuse trouvaille est due à la femme d'un médecin de Saint-Yrieix, Madame Daruet ; elle avait cru rencontrer dans l'argile une matière savonneuse, propre aux usages domestiques ; l'analyse y reconnut les caractères du kaolin.

L'influence de cette découverte se traduisit par des millions de bénéfices... mais c'était à l'époque des mauvais jours, « à l'aurore de la liberté » comme on disait... en 1770 ! Lorsque les essais furent terminés, la Révolution avait bouleversé toutes choses, annulé le commerce et l'industrie, renversé le trône, inondé la France de sang, couvert l'Europe de ruines... au lieu de la *récompense nationale* promise à Madame Daruet, elle fut oubliée et tomba dans la misère.

Enfin, elle entreprit de faire le voyage de Paris avec ce qui lui restait, et sollicita du roi Louis XVIII quelque secours ; ses demandes eurent le sort trop commun aux pétitions, qui doivent passer par les mains de subalternes souvent intéressés à les faire oublier ; en 1825 seulement, Madame Daruet s'adressait à M. Brongniart ; celui-ci parla directement au Roi ; il en obtint une réponse favorable, et Louis XVIII pour ne pas se heurter peut-être à un refus, accorda une pension sur la liste civile (c'est-à-dire sur la somme allouée pour ses propres dépenses). « C'était, ajoute M. Brongniart, une dette de la France ! »

III

Pendant longtemps tous les *maroquins* sont venus de l'Extrême-Orient ou des pays Barbaresques ; leur préparation a été connue et importée en Europe par les missionnaires.

Ils firent passer en France les premières notions sur la manière de fabriquer le maroquin, et de teindre les cotons en rouge. Dans l'Inde où il vivait avec les naturels, l'un d'eux se prit à examiner attentivement les procédés et les mordants pour l'impression des toiles peintes. Ce fut un nouveau patrimoine, qu'il légua aux manufactures de son pays.

Les véritables *maroquins* sont des peaux de chèvre tannées au sumac ou à la noix de galle, mais on travaille également la peau de mouton. On ramollit d'abord les peaux sèches et en poil, dans une eau croupie, on les écharne, on les épile à la chaux, on les rince, on les tanne ; puis on les met en couleur.

Les plus belles étant réservées au maroquin rouge, les peaux de cette couleur sont préférables à tout autre. Pour les teindre, on les fait d'abord passer par un bain de chlorure d'étain, avant de les tremper dans un second bain de cochenille.

On termine en amincissant les maroquins avec un couteau droit à fil relevé, on les lustre avec des cylindres lamineurs.

L'industrie des toiles et des draps a été partout aussi perfectionnée par les moines. Les Cisterciens introduisirent le *tissage du drap* en Allemagne. Au Xᵉ siècle ils créaient à Saint-Florent près Saumur, une *manufacture de tapisseries;* en Lombardie, une manufacture de soieries qui employait jusqu'à quarante mille ouvriers. Dans la Normandie, ils introduisirent les procédés pour préparer les peaux. Ce sont encore les monastères de femmes, qui ont doté la Belgique de ces fameuses fabriques de *dentelles* qui sous le nom de malines, valenciennes, bruxelles, etc., ont tant contribué à enrichir le pays.

Deux Moines rapportent des œufs de vers-à-soie, et enseignent à tisser les fils de soie (page 120).

CHAPITRE XIV

Sciences.

La merveilleuse histoire des découvertes dues à l'Eglise dans le domaine des *sciences,* demanderait un développement que nous ne pouvons lui donner. Là comme dans l'ensemble de notre modeste travail, il faut nous borner à une nomenclature. — Or, pour ne pas tronquer en quelque sorte le récit, pour varier autant que possible, nous adoptons sur ce sujet la forme biographique : unissant au nom de l'inventeur les diverses découvertes scientifiques que nous lui devons, ou à la découverte principale, quelques détails biographiques.

LE MOINE FRANÇAIS GERBERT
Plus tard le Pape SYLVESTRE II.

Gerbert était né à Aurillac (945) ; sa première enfance nous le montre humble berger ; plus tard, élevé dans le monastère par les soins de saint Gérauld.

Déjà il donnait les plus belles espérances, lorsque saint Gérauld l'envoyait en Espagne, à Ausona (Vich), sur le versant méridional des Pyrénées, école épiscopale renommée pour les professeurs des sciences exactes... Après trois ans d'études à Vich (1), Gerbert, à peine

(1) Il est prouvé que Gerbert n'étudia jamais aux écoles musulmanes, comme on l'a imaginé depuis ; par conséquent qu'il n'en *rapporta* pas la science à l'Europe chrétienne.

âgé de vingt-cinq ans, accompagnait l'évêque à Rome, où le pape Jean XIII le remarquait et s'unissait à l'empereur Othon-le-Grand pour le retenir. — Cependant, ayant obtenu l'autorisation de rentrer en France, il se rendit à Reims ; et l'archevêque, zélé pour le rétablissement des études, lui confia la direction de l'école où « les doctes leçons du savant professeur attirèrent des légions de disciples. »

Gerbert estimait qu'il fallait apprendre à penser, avant d'étudier les formes oratoires dont on peut revêtir la pensée ; ce principe de bon sens que Boileau a répété au siècle de Louis XIV : (« avant donc que d'écrire, apprenez à penser ») est trop oublié de nos modernes auteurs ; dont l'art consiste souvent à cacher l'absence d'idées fortes, sous un déluge de phrases vides et de mots barbares.

Arithmétique. — Gerbert parvint à rendre facile et accessible à tous, l'aride science de l'Arithmétique :

Jusque-là la valeur de position des signes empruntés à l'alphabet grec ou latin, était inconnue ou du moins négligée.

Gerbert fit dresser une table couverte de poudre, sur laquelle on traçait ou effaçait aisément les signes de numération... il expliqua sur cette table que l'on nommait *abacus* (ou tablette) sa méthode très simple :

Neuf signes exprimant les nombres servaient à les nommer tous ; chaque colonne se divisait en compartiments, le premier désignait les unités, le second les dizaines, et ainsi de suite, décuplant toujours la valeur des signes de la colonne précédente. En outre, ces colonnes étaient groupées par trois, par un arc ; et une lettre indiquait la valeur des chiffres renfermés dans la colonne : I unités, X dizaines, C centaines, M mille. Pour remplacer le zéro qu'il n'avait point encore trouvé, Gerbert laissait en blanc la colonne qui n'avait pas de chiffre ; et celui de gauche prenait néanmoins sa valeur de position, comme si la colonne précédente n'eût pas été vide. « Les savantes recherches de M. Michel Chasles, ses explications pleines de lucidité, ne permettent plus de douter, dit l'abbé Darras (t. xx, p. 97), que le système de Gerbert ne fût celui qu'emploie l'Europe moderne. Il avait imprimé un tel élan à l'étude de l'arithmétique, que l'on appelait *gerbertistes,* ceux qui s'y livraient. »

Quel est l'enfant, le pédagogue même qui, pour distinguer les caractères destinés à la numération, ne parle de *chiffres Arabes* et de *chiffres Romains ?* Cependant il a été bien constaté, que l'origine des chiffres dits Arabes, n'est rien moins qu'arabe ; c'est aux Romains et aux Grecs que sont empruntés les signes usuels de la numération. A la fin du premier livre de la géométrie, publiée au moins trois fois, et dont plusieurs copies manuscrites sont conservées dans quelques bibliothèques, se trouve un exposé du système de numération, obscur, il est vrai, mais admirablement élucidé par M. Chasles. Il y établit que le système de l'illustre savant est identique à notre système actuel ; il n'en diffère que par l'absence du zéro. Cette figure qui, en somme, occupe la place laissée vide, dans la colonne où manquent les unités des divers ordres n'existant pas, la ligne demeurait blanche au rang où nous inscrivons à présent un zéro.

Quant à la *Table de Pythagore,* voici l'origine que lui attribue Boëce : « Des pythagoriciens, dit-il, pour éviter de se tromper dans leurs multiplications, divisions et mesures, imaginèrent pour leur usage un tableau qu'ils nommaient, en l'honneur du grand maître, *table de Pythagore.* Ce tableau fut appelé par les modernes *abacus.* »

Dans le manuscrit de Boëce on remarque sur une ligne neuf caractères, par lesquels il représentait les neuf pre-

miers nombres ; au-dessous de cette ligne en est une
seconde, sur laquelle sont les chiffres romains...

Si l'on plaçait ces caractères dans la colonne des unités,
chacun d'eux ne représentait que des unités... mais plaçant *deux* dans la colonne marquée *dix,* on convint qu'il
signifierait *vingt* (ou deux dizaines), que *trois* signifierait
trente, etc... En plaçant ces mêmes signes dans la colonne
marquée du nombre *cent,* on établit qu'ils signifieraient
deux, trois cents, etc. Et ainsi de suite dans les colonnes
suivantes : « ce système dit Boëce, n'exposait à aucune
erreur. »

L'on ne peut se refuser à voir dans cette explication le
principe de notre numération actuelle (1).

Les colonnes qui sont indiquées comme ci-dessous
dans le texte, par le mot *paginula* (ou petite bande), per-
mettaient de se passer du zéro, parce que là où nous le
mettons, on laissait une place vide.

X̄IM̄I	ĪM̄I	C̄M̄I	X̄M̄I	M̄I	C̄	X̄	M	C	X	I

Le plus souvent, nous l'avons dit, les caractères étaient
tracés sur la poussière que les anciens étendaient sur
une tablette ; c'est à cet usage que Cicéron fait allusion
quand il parle de la *poussière érudite.*

Les bornes nécessairement restreintes de notre modeste
travail, nous interdisent de prolonger une étude intéressante, mais peu en rapport d'ailleurs avec le goût de nos
modernes écoliers, trop souvent effrayés de tout ce qui

(1) Voir sur *les chiffres arabes* deux articles fort curieux dans le *Magasin pittoresque,* 18.'9.

porte le nom d'arithmétique : l'enseignement actuel
est devenu si réaliste que les idées abstraites, les plus
dignes cependant des esprits élevés, sont au-dessus
de la plupart des intelligences, habituées, hélas! par les
maîtres eux-mêmes, à n'admettre que ce qu'ils voient, à
ne saisir que ce qui tombe sous leurs sens. Les *leçons de
choses* sont bonnes certainement, jusqu'à une certaine
limite ; mais elles rendent l'esprit paresseux, et habituent
les enfants à ne pas savoir *lire en eux-mêmes,* ce qui
cependant développe la véritable *intelligence*, comme
le mot même l'indique : *intus legere,* lire en dedans.

Astronomie. — L'astronomie est une science d'autant
plus difficile qu'elle s'adresse presqu'exclusivement à
l'intelligence. Gerbert, préoccupé de la rendre accessible
à ses élèves, fabriqua une sphère représentant le monde ;
il inclina son axe sur l'horizon, en régla la position par le
cercle *déterminant* (1); puis ayant placé les constellations
septentrionales au pôle Nord et les australes au pôle Sud,
il indiqua par la position même de la sphère, le lever et le
coucher des astres. Dans le silence de la nuit, il notait
avec soin ses propres observations, et enseignait à ses
disciples la marche des étoiles indiquées sur la sphère.

Il inventa pour l'étude des parallèles, un demi-cercle
divisé par un diamètre, dont les extrémités marquaient
les pôles; des cercles fixés sur le demi-cercle indi-
quaient les pôles, les tropiques et le cercle équinoxial ou
équateur; cet instrument merveilleux fonctionnait si
aisément et avec tant de précision, que les élèves eux-
mêmes s'en servaient avec plaisir, pour comprendre la
théorie du mouvement des astres et l'usage des cercles
conventionnels.

(1) C'est-à-dire par une ligne supposée qui sépare les constellations que
l'on voit de celles que l'on ne voit pas.

Mais le génie du pieux moine n'était pas au bout ; il composa de même une sphère creuse, y établit les cercles concentriques, et les cinq autres *parallèles* compliqués sur les *cercles incidents* (1).

Au travers de ces cercles il posa le *zodiaque* avec la figure des constellations, et suspendit à l'intérieur les étoiles suivant les hauteurs et les distances réciproques. — Enfin il acheva de rendre l'astronomie attrayante et facile, par une autre sphère absolument creuse, dont l'axe représentait le diamètre terrestre, et les extrémités, les deux pôles. Au dehors, il coordonna les constellations avec des fils de fer ; et la sphère, tournant sur son axe, donnait la position exacte des astres dans le.firmament.

Horloge. — *Télescope.* — Etant à Magdebourg, il fut affligé de voir que les moines chargés de sonner matines pendant la nuit, devaient se tenir éveillés pour ne pas manquer l'heure ; encore si le temps trop sombre empêchait de considérer les astres, l'office variait involontairement. Gerbert inventa une *horloge à roues*, il en régla le mouvement sur l'étoile polaire ; et pour considérer cet astre, il imagina un tube astronomique ou lunette à longue vue, c'est-à-dire un *télescope*.

Les orientaux mesurent le temps par la longueur de leur ombre. Je m'avance vers l'un d'eux pour savoir l'heure ; il se place au soleil (s'il y en a), remarque l'espace que couvre son ombre, en mesure la longueur avec ses pieds, et dit l'heure à peu près exactement. Les ouvriers attendent avec impatience l'heure où leur ombre indique la fin de leur journée. Sont-ils las du travail ? ils disent avec tristesse : « Mon ombre est bien lente à venir ! » Ou bien : « J'attends mon ombre avec impatience. »

(1) C'est-à-dire qui se croisent l'un dans l'autre.

Cette manière de calculer le temps remonte à la plus haute antiquité, car le viie chapitre du livre de Job parle de l'impatience avec laquelle « un serviteur soupire après son ombre. »

La clepsydre est l'instrument le plus ancien que l'on ait connu pour mesurer le temps. Voici la description qu'en donne Vitruve : « Elle marquait les heures au moyen de l'eau qui, passant lentement par un petit trou pratiqué au fond d'un vase et tombant dans un autre, faisait, en s'élevant insensiblement, hausser dans le second petit vase un morceau de liège. Ce liège tenait à une chaîne passée autour d'un essieu, et qui avait à son autre extrémité un sac de sable un peu moins pesant que le liège. Cette chaîne, en faisant tourner l'essieu très mobile, imprimait le mouvement à une aiguille qui y était fixée et marquait l'heure sur le cadran. On sent combien cette horloge devait manquer de précision, à raison des variations de la température, et combien l'invention d'une *horloge* était importante.

Télescope. — Le mot *télescope* s'emploie pour désigner tout instrument d'optique soit à *réfraction,* soit à *réflexion,* qui sert à observer les objets éloignés tant sur la terre que dans le ciel. Cependant, quand on parle de *télescopes,* on n'entend que les instruments d'optique servant à rapprocher et à rendre distincte l'image des objets éloignés, mais où ces objets sont vus par *réflexion,* à l'aide de miroirs métalliques. La pièce essentielle de tous les télescopes est un grand réflecteur concave, qui tourné vers l'objet, en donne une image réelle mais renversée. Les rayons incidents qui tombent à sa surface, se réfléchissent aussitôt dans un petit miroir concave placé tout près du foyer, l'image se redresse dans cette seconde réflexion, et l'astronome l'observe au moyen d'un oculaire placé au centre de l'ouverture circulaire.

Roger Bacon parle, dans son *Traité d'optique,* d'un miroir concave qui montre les objets si éloignés qu'ils soient, d'où l'on a conclu avec grande probabilité, qu'il avait aidé le moine *Despina* à trouver les *lunettes,* et que lui-même avait construit un *télescope.* Avez-vous réfléchi, mes amis, à l'embarras des miopes avant cette utile invention ; au regret que vous auriez de ne pas regarder avec la longue-vue les beaux horizons de nos montagnes, ou le panorama des villes du haut des monuments? Remerciez le bon Dieu de l'intelligence qu'il a donnée à l'homme pour trouver tant de beaux instruments.

Cependant le véritable inventeur du *télescope à réflexion,* instrument perfectionné d'optique, qui a permis de faire toutes les récentes découvertes astronomiques, est le P. *Mersenne,* l'un des plus grands savants du XVIIe siècle.

CHAPITRE XV

Le P. Mersenne. — Le P. Kircher: Savant universel.

Mersenne, d'une piété sincère qui lui fit choisir l'Ordre dont le nom même rappelle l'humilité, entra chez les Minimes à l'âge de vingt-trois ans, professa d'abord la théologie, la philosophie et l'hébreu; il étudia ensuite les traités de mécanique, d'algèbre et de géométrie de Descartes ; il se livra en particulier à examiner la théorie des télescopes à réflexion. « Longtemps avant Grégory et Newton, qui ont donné leurs noms aux instruments de ce genre, le P. Mersenne en avait développé les principes » *(Biographie universelle).* Après plusieurs voyages scientifiques il fit connaître en France les belles découvertes de Torricelli, sur le vide ; expériences qui sont devenues la base de la physique moderne.

Dans son livre des *Questions harmoniques,* le P. Mersenne traite de plusieurs choses remarquables : distance de la terre au soleil ; vitesse de la lumière; de la lumière des astres, propre ou empruntée ; des jouissances que nous procure la musique ; de la force de la voix, etc.

Le nombre des ouvrages du savant religieux « doué, disaient ses adversaires eux-mêmes, du meilleur cœur qui fût jamais, » est presque innombrable ; celui qui traite les questions d'optique, de la parallaxe et des réfractions est un des plus connus.

L'illustre *P. Kircher* pose en principe que les lois de l'attraction et de la répulsion peuvent servir à expliquer les phénomènes les plus obscurs de la physique.

Son traité d'optique renferme entre autres choses intéressantes, la description d'un assemblage de miroirs-plans, et rend compte d'une expérience qu'il poussa jusqu'à produire une chaleur considérable. Il y parle aussi d'autres inventions plus curieuses qu'utiles pour la science, en particulier de la *lanterne magique* dont on le regarde généralement comme l'inventeur.

Dans son traité sur *les effets du son* il traite de sa nature, de sa' propagation et des divers instruments qui le produisent, ce qu'il nomme des *machines animées.*

Dans le *Monde souterrain,* il admire la magnificence et les richesses de la nature. Ne reculant devant aucun obstacle pour les progrès de la science, le P. Kircher veut connaître l'intérieur des volcans; il se fait descendre par une corde dans la principale bouche du Vésuve, et y demeure suspendu jusqu'à ce qu'il ait pleinement satisfait sa curiosité, et acquis (dit-il) la preuve des communications souterraines des eaux, et des formations ou systèmes volcaniques. Il construit une machine qu'il nomme *specula*, laquelle garnie sur toutes les faces de roues et de tableaux circulaires, doit amener à résoudre les principaux problèmes de la sphère et du calendrier.

Dans le but de perfectionner en la simplifiant, la géométrie pratique, il imagine un *pantomètre* qui a gardé le nom de *Kircher;* puis un *orgue mathématique* ainsi nommé, parce que ce bureau affecte la forme d'un buffet d'orgue, contenant tous les tableaux, règles mobiles etc... depuis les *bâtons de Napier* jusqu'aux tables de comptes les plus compliquées; indiquant le produit simple, les surfaces et la solidité du prisme et de la pyramide, par cent multiplicandes vis-à-vis des cent multiplicateurs de 1 à 100.

Téléphonie. — La *Télélaquie* ou art de transmettre les nouvelles à des distances considérables à l'aide du son, fut tentée à diverses époques ; mais le P. Kircher a le premier composé un traité sur les signes auriculaires ; il voulait parler avec des instruments de musique, en traduisant en notes les lettres de l'alphabet. « C'est à la propagation successive du son dans l'air, et à la loi de réflexion qui lui est commune avec la lumière, et avec les corps qui en choquent un autre, qu'est dû le phénomène naturel de l'*écho*.

L'étude des *échos* donna les premières notions de la *téléphonie*; car les investigations de l'homme, ne peuvent jamais s'exercer que sur les lois établies par Dieu dans la création dont il est le souverain auteur ; aussi est-ce avec grande raison, que la science elle-même donne à ses découvertes successives le nom d'*invention*, qui signifie littéralement *trouver (invenire)*. Or on ne trouve que ce qui existe.

La linguistique n'est pas moins redevable que la science au *Jésuite universel ;* l'Europe savante, dit M. Champollion, doit en quelque sorte au P. Kircher la connaissance de la langue copte ; il mérite d'autant plus, malgré quelques erreurs de détail, que les monuments des Coptes étaient plus rares de son temps. Dans son ouvrage sur la langue égytienne, on trouve une grammaire et un dictionnaire coptes. Ce beau travail est le premier qui répandît en Europe des notions exactes de la langue copte. Au moyen de ses connaissances, Kircher chargé par le pape Innocent X *d'expliquer les hiéroglyphes* qui couvrent l'obélisque restauré par Le Bernin sur la place Navone, alla jusqu'à compléter par des figures le sens des hiéroglyphes, là où ils étaient effacés. Tandis que plusieurs savants ne voyaient dans l'écriture égyptienne que les premiers essais devant conduire à l'alphabet, Kircher était persuadé que les prêtres égyptiens cachaient au vulgaire sous des figures grossières leur doctrine secrète.

L'un des ouvrages les plus curieux du savant Jésuite est une *Polygraphie* ou écriture universelle par laquelle, dit l'auteur, chacun peut lire dans sa langue. Son premier essai est un dictionnaire numéroté, de 1600 mots, exécuté sur cinq langues (latin, italien, français, espagnol et allemand) ; les formes variables des noms et des verbes sont indiquées par des signes de convention, que chacun applique aux règles de sa propre langue. On voit (dit la *Biographie universelle*) que c'est à peu près le système reproduit de nos jours sous le nom de *manuel interprète de correspondance*.

Le second essai, ajoute une méthode de *Sténographie* plus complète que celle de Trithemius et des autres célèbres ; et le troisième, une boite sténographique pour écrire et lire en chiffres.

Dans le livre *Monuments de la Chine*, outre une description curieuse de ce pays et des détails fort rares alors, on trouve en lettres latines, un abrégé chinois et latin de la doctrine chrétienne.

Les récits sur l'arrivée des missionnaires dans ces contrées de l'Extrême-Orient sont surtout remarquables par la célèbre inscription de Li-an-fou déjà indiquée par Kircher, mais dont il donne dans ce dernier ouvrage la copie et la traduction intégrales. Le *Pater* latin en lettres sanscrites qu'on y trouve également, a été copié, dit encore la biographie universelle, par Chamberlayne comme si c'était le *Pater* en sanscrit.

LANTERNE MAGIQUE

Nous dirons quelques mots de cet ingénieux appareil qui depuis longtemps fait les délices de l'enfance, et inventé au XVIIe siècle par le savant Père Kircher.

La *Lanterne magique* se compose d'une lanterne ordinaire munie d'une lampe, dont la lumière est réfléchie par un miroir concave, dans la direction d'un tube qui renferme deux lentilles convergentes. Entre ces deux lentilles, on fait mouvoir une lame de verre sur laquelle sont représentées diverses figures, peintes avec des couleurs translucides. La première lentille a pour objet unique de concentrer les rayons lumineux sur la lame peinte, afin de l'éclairer vivement. La seconde, qui est à court foyer, projette les images que porte le verre, sur un écran blanc placé à une certaine distance. Les images projetées sur cet écran sont considérablement amplifiées, mais elles sont renversées. Pour les redresser, il n'y a qu'à placer le verre peint de manière à renverser les figures, car alors elles se trouveront redressées sur l'écran (1).

(1) Nous pensons être agréable à nos jeunes lecteurs en leur indiquant la manière de peindre eux-mêmes les verres de lanterne magique ; d'intelligents professeurs pourraient en faire des sujets de démonstrations intéressantes sur les arts, l'industrie, la géographie ; et même représenter au vif les beaux traits d'histoire, ce qui serait infiniment plus profitable que de faire rire les enfants devant des caricatures au moins grotesques, parfois immorales.

La première chose à faire est de se procurer des couleurs transparentes, et de les employer en teintes plates appliquées successivement comme on en use dans la chromolithographie.

Pour le rouge, on emploie le rouge de cochenille, de bois de Brésil ou de carmin.

Pour le vert, le vert-de-gris, et pour les foncés le vert martial.

Pour les jaunes, la gomme-gutte.

Pour le bleu, le vitriol de Chypre.

La terre de Sienne est une belle couleur très transparente, mélangée au bleu elle donne différents tons de vert.

L'Air et l'Eau

Au xvi⁰ siècle, on ne paraît connaître l'emploi mécanique de la vapeur d'eau, que pour faire marcher un tournebroche ; les applications des effets que peut exercer la *vapeur d'eau* sont encore à peu près nulles : « le P. Kircher, dit *Figuier*, va formuler la théorie d'une manière plus explicite. Il a décrit dans un ouvrage curieux, plusieurs des appareils qu'il aime à faire connaître. L'un de ces appareils est un vase métallique allongé, contenant de l'eau dans sa partie inférieure. Portée à l'ébullition, l'eau devient vapeur et s'introduit par un tube dans un vase supérieur ; l'eau contenue dans ce vase, pressée par l'action de la vapeur, jaillit au dehors. »

« L'appareil étant ainsi préparé, écrit le savant, si vous voulez qu'il chasse le liquide à une grande hauteur, par la *force du feu*, placez le vase sur le feu

Il faut étendre sur le verre une couche de térébenthine ; aussitôt qu'elle est sèche les couleurs y adhèrent parfaitement.

On dessine sur le verre au crayon (ou à l'encre de Chine si l'on veut border le dessin en noir) le contour du sujet. — Pour cela il suffit de placer en dessous du verre le modèle à reproduire, et de le calquer par transparence.

Si l'on sait manier les couleurs, on peut alors les poser à plat comme dans toute peinture ; elles doivent être employées avec du vernis, que l'on ajoute selon le besoin au lieu de térébenthine.

Si la personne ne sait pas peindre ou qu'elle préfère un autre moyen, elle peut encore dessiner autant de patrons qu'il y a de couleurs ; pour cela on découpe avec un bon canif sur un papier autant de patrons qu'il y a de couleurs ; on les applique successivement sur le verre (après avoir eu la précaution d'indiquer des points de repaire. Puis se servant d'un pinceau-brosse, on frotte la couleur demi-sèche (en rond pour éviter les taches) sur l'endroit découpé. — On laisse bien sécher une couleur avant de poser une autre couleur et ainsi de suite. — Quand le dessin est fini et bien sec, on vernit le tout, en versant dessus promptement soit du vernis très blanc, soit de l'eau de gomme un peu forte et bien blanche, comme on verse le collodion sur les épreuves photographiques.

après l'avoir rempli d'eau. L'air de ce vase, comprimé par la raréfaction et ne trouvant d'issue que par le tube, y passera avec violence et tentera de s'échapper par le vase supérieur. Mais comme une autre liqueur occupe ce vase supérieur, maintenu dans un espace qu'il ne peut franchir l'air entreprend une lutte terrible avec l'eau ; il faut donc ou que le vase soit rompu ou que l'eau cède. Et comme cela est plus facile, l'eau, *cédant à l'effort violent de l'air raréfié*, s'élancera dans l'air avec une grande impétuosité par le tube, et fournira un coup d'œil agréable aux spectateurs. »

La découverte de la pesanteur de l'air et la mesure de ses variations à l'aide du tube de Torricelli, devinrent le point de départ des grands travaux qui devaient élever la physique sur les bases positives où elle repose aujourd'hui.

Les expériences nombreuses, suivies par quelques savants entre autres Périer et Blaise Pascal, eurent constamment pour acteurs les religieux Minimes, en particulier les PP. Banier et Chastin.

Le P. Schott. — Les ouvrages de cet illustre jésuite (1608) sont encore à l'heure qu'il est utiles à consulter bien que les sciences *dont il a traité il y a près de trois siècles*, aient fait de grands progrès.

Entré à l'âge de dix-neuf ans dans la célèbre Compagnie qui a donné au monde autant de savants que de saints, le P. Schott fut autorisé à recevoir les leçons du P. Kircher, puis revint à Wurtzbourg et ranima en Allemagne l'étude des sciences physiques. Sa vie laborieuse, sa douce piété, la simple sévérité de ses mœurs, le rendirent un objet de vénération pour les protestants comme pour les catholiques. Après un cours très complet de mathématiques, il émet les premières idées de la *machine*

pneumatique, et décrit les machines hydrauliques qu'il a
examinées dans le cabinet du P. Kircher. Dans un premier

volume il rassemble les expériences les plus curieuses
d'optique ; il décrit toutes les espèces de miroirs, la
manière de s'en servir et les effets qu'on en peut obtenir;
les usages des lunettes, des télescopes, des microscopes

Le P. d'Entrecolles et ses néophytes (page 125).

avec l'histoire de ceux qui les ont inventés ou perfectionnés, et même des ouvriers les plus habiles à les exécuter. Dans un second, qui traite de l'acoustique, il parle des échos les plus singuliers, des divers moyens d'obtenir la répétition du son ; des instruments qui le prolongent, du pouvoir de la voix humaine, des effets de la musique, de l'orgue hydraulique etc. Il *explique les cornets acoustiques à l'usage des sourds,* et fournira à l'abbé de l'Epée une source d'idées fécondes pour l'instruction des sourds-muets; il passe en revue les merveilles de la mécanique et les outils dont elle se sert. Après avoir décrit la statue de Memnon, le pigeon volant d'Archytas etc., il explique les machines anciennes propres à transporter des poids considérables. Il parle du moyen *d'élever les eaux,* des fusils à vent etc. Enfin le dernier volume contient l'histoire détaillée des moyens connus jusqu'alors, pour communiquer la pensée par la parole, par l'écriture ou par des signes cachés; il traite de la *Magie pyrotechnique,* ou des différents phénomènes que l'art peut produire avec le feu ; il crée la plupart des résultats amusants, et des découvertes qui charment les loisirs du monde : *feux d'artifice, propriété de l'aimant et des phosphores,* décrit la pierre spéculaire etc. etc.

Dans son *Anatomie expliquée des sources et des fleuves,* il traite avec une science prodigieuse de la formation des cours d'eau ; « tous les physiciens qui se sont occupés depuis du même objet, ont puisé largement dans l'ouvrage du P. Schott, auquel il a joint la relation de la découverte faite par le P. Paëz, en 1618, des sources du Nil.

Son recueil complet des *expériences de physique* jusqu'à cette époque, rend compte des expériences fameuses faites à Magdebourg par Otto de Guericke sur les hémisphères.

CHAPITRE XVI

Electricité.

Aimez-vous les expériences, mes amis, avez-vous peur du tonnerre?... En tout cas, rien de plus curieux que les effets multiples de l'électricité.

Jean-Baptiste Beccaria (1716). — Clerc régulier des écoles pies, publie en 1753 son traité de *l'électricité naturelle et artificielle,* où il assemble toutes les connaissances que l'on avait alors à ce sujet; les expériences qu'il explique dans cet ouvrage, surpassent de beaucoup tout ce qu'on a écrit avant et après lui. Chargé par la cour de Turin, en 1759, de mesurer un degré du méridien en Piémont, il vit le résultat de ses opérations contesté d'abord à cause de leur différence avec les autres mesures ; mais dans une réponse savante il prouve l'exactitude de l'arc mesuré, vu les circonstances particulières, de la masse et de la position du grand système des Alpes.

André Gordon (1712), savant bénédictin, est regardé comme le premier physicien qui, dans l'appareil électrique, ait substitué le cylindre au globe. Gordon trouva moyen d'exciter tellement l'électricité d'un chat, qu'au moyen d'une chaîne de fer, il enflammait de l'esprit de vin, par les étincelles qu'il tirait du corps de cet animal.

Comme cette expérience serait amusante !

Il a composé deux ouvrages importants : *Éléments de physique naturelle* et *Phénomènes de l'électricité*.

L'abbé Caselli, inventeur du *pantélégraphe*, c'est-à-dire de l'instrument qui transmet, par l'électricité, les dessins, plans et écritures, naquit à Sienne en 1815, il étudia la physique sous le P. de Nobili.

En 1854 il invente son pantélégraphe ; en 1863 il prouve, par une expérience, que cet appareil donne de véritables *fac-simile de l'écriture* de l'expéditeur, et reproduit fidèlement d'un point à un autre un dessin, un portrait, un plan, de la musique. Le public fut autorisé, en 1865, à transmettre des dépêches autographiques, sur une ligne établie de Paris à Lyon, d'après une loi de 1863 ; mais il se trouvait alors trop peu d'occasions où la nécessité fût assez urgente pour télégraphier en quelque sorte les dessins, et l'exploitation de l'ingénieuse découverte fut abandonnée.

LA FOUDRE

Les lettres publiées par M. Burse rapportent que le savant moine Gerbert (Sylvestre II), avait inventé, dans les derniers temps de sa vie, un moyen *d'éloigner la foudre* ou du moins d'en prévenir les effets. Quand l'orage commençait, il faisait enfoncer profondément en terre, de distance en distance, près des lieux qu'il importait de garantir, de longs pieux terminés par un fer très aigu, en forme de lance.

L'histoire raconte l'effroi de l'armée romaine en voyant les piques des soldats de César étincelantes, les aigrettes et les scintillations lumineuses aux mâts des vaisseaux.

Les savants chrétiens ont trouvé, plus tôt et plus vite qu'aucun autre les causes de ces faits curieux, parce que plus travailleurs, plus persévérants dans les recherches, ils étudiaient à fond les phénonènes attribués par d'autres au hasard ou à la magie.

« Dans la nuit du samedi 15 octobre 1493, raconte Fernand Colomb dans la *Vie de son Père*, il tonnait et pleuvait très fortement, le feu *Saint-Elme*(1) se montra alors sur le mât de perroquet formant comme des cierges allumés. »

L'abbé Nollet, qui connaît les ouvrages de Gerbert, recueille tous les exemples de ce genre pour étudier l'électricité. Déjà, en 1726, le R. P. Lozeran avait été couronné par l'Académie des sciences de Bordeaux, pour son mémoire *sur la cause du tonnerre et des éclairs ;* vingt ans plus tard l'abbé Nollet, dans son quatrième volume des *Leçons de physique,* exprime nettement l'analogie qu'il croit très probable, entre les effets de la foudre et ceux de l'électricité.

Des expériences successives et nombreuses, faites au moyen de tiges de fer destinées à conduire le fluide électrique, allaient amener peu à peu la découverte du paratonnerre.

« Mais c'est grâce aux expériences du P. Beccaria, que l'étude de l'électricité atmosphérique put s'élever sur des bases solides, et former une branche importante de la physique.

« Un grand nombre d'observations faites de nos jours, et qui ont beaucoup servi pour les études de la météorologie actuelle, ne sont que la reproduction des faits observés antérieurement par l'illustre physicien » (Louis Figuier).

Les résultats obtenus par le *cerf-volant électrique* excitèrent le zèle des chercheurs. Franklin, qui étudiait surtout les sciences pratiques, éleva le premier

(1) Nom météorologique moderne de ces fortes étincelles électriques, tirées des nuages orageux par la pointe des mâts.

paratonnerre ; mais l'admiration des uns enflamma l'opposition des autres. C'est encore le P. Beccaria qui termina la discussion, par des expériences spéciales, et assura définitivement le succès et la prépondérance du paratonnerre en pointe.

Les préjugés populaires sur les tiges conductrices de la foudre furent tels au commencement, qu'on était contraint d'abattre successivement les paratonnerres que l'on avait élevés d'abord ; l'abbé Bertholon, professeur de physique, parvint à en établir plusieurs dans les villes du Midi ; en 1782 il fut appelé à Paris pour en construire de semblables ; il y avait plus de vingt ans que l'Amérique, grâce à Franklin, les avait adoptés. Et comme les Français poussent les sentiments à l'extrême, l'engouement pour les paratonnerres devint tel, que les dames de Paris portaient, autour de leur chapeau, un fil conducteur tombant jusqu'à terre, et qui devait les préserver des effets de la foudre.

L'abbé Nollet travailla aussi avec Réaumur aux études thermométriques. Il ouvrit *le premier cours public de physique* au collège de Navarre de l'université de Paris, dont l'évêque de Laon était le directeur ; le *Journal historique* du temps (août 1734) raconte que l'affluence fut si grande dès les premiers jours aux leçons de l'abbé Nollet, qu'on dut préparer un local nouveau, et qu'on y ménagea une tribune pour le roi, les princes et autres grands personnages.

Il publia, en 1743, ses *Leçons de physique*, ouvrage le plus clair qui ait encore paru, dans lequel il mit en lumière pour la première fois à la portée de tous, les brillantes découvertes de Newton sur l'électricité, auxquelles l'abbé ajouta le résultat de ses propres expériences.

Nollet avait remplacé Buffon à l'Académie des sciences; chargé par Louis XIV de faire des cours pour le Dauphin (père de Louis XVI), il répéta le même cours en présence du roi de Sardaigne.

C'est à Turin que lui arriva cette singulière aventure : Présenté à un seigneur peu lettré, il lui offrait ses ouvrages de physique : « Je ne lis jamais ces sortes de livres, » répond le seigneur, sans même les regarder. « Permettez-moi du moins, reprend Nollet, de laisser ces ouvrages dans l'antichambre. Peut-être s'y trouvera-t-il des gens d'esprit qui les liront avec avantage. »

On sait que l'abbé Nollet servait d'aide à Dufay lorsqu'il obtint la première *étincelle électrique* sortant du corps humain. Voici comment la chose arriva : Dufay avait attaché au plafond de son cabinet deux cordons de soie, supportant une petite plate-forme; il se coucha au travers de cette planche, isolée par les cordons, et se fit électriser par le contact d'un gros tube de verre frotté. L'abbé Nollet jugeant le fluide électrique suffisant, approcha son doigt du corps de Dufay; pour la première fois une étincelle jaillit du corps humain, et cette expérience causa une telle joie aux deux savants, qu'ils assurèrent ne pouvoir jamais l'oublier.

Dans un savant ouvrage, *Essai sur l'électricité des corps*, l'abbé Nollet donne la description exacte de la *machine électrique,* qui subit certaines modifications avant de rester telle que nous la connaissons. La fameuse machine électrique d'Adams n'a fait que changer le système moteur, pour imprimer au cylindre de verre un mouvement plus rapide, et augmenter ainsi les effets très intenses de cette machine.

C'est encore l'abbé Nollet qui conçut l'idée de faire ressentir la *commotion électrique* par un grand nombre de personnes à la fois. La foule de ceux qui voulaient expérimenter les effets de la bouteille de Leyde, augmentait chaque jour, l'abbé disposa en chaîne les spectateurs; se tenant par la main ils reçurent ensemble la décharge. Cette expérience était un essai pour une seconde préparée à Versailles en présence du roi. Deux cent cinquante gardes-françaises se donnant la main, rangés dans la cour du château, attendaient l'abbé Nollet; il arriva présentant au premier soldat la bouteille électrisée; puis, présentant la main au soldat de l'autre extrémité, il toucha le fil de fer plongeant dans la bouteille... au même instant toute la compagnie éprouva la commotion et tressaillit à la fois.

La même expérience se renouvela à la Chartreuse; tous les religieux, communiquant entre eux par un long fil de fer tenu de main en main, ressentirent le soubresaut du fluide.

Les poissons foudroyés dans l'eau, les oiseaux dans l'air, achevèrent de démontrer la puissance de l'étincelle électrique.

Nommé, par Louis XV, professeur de physique au collège de Navarre, puis maître d'histoire naturelle des Enfants de France, Nollet fut appelé pour enseigner la physique à l'Ecole d'artillerie; dans ses loisirs il publia sous le titre : l'*Art des expériences,* une description des instruments de physique avec la manière de les construire. Ce fut son dernier ouvrage. L'abbé Nollet, malgré sa piété vraie et une charité inépuisable, était demeuré diacre, ne pensant pas pouvoir remplir avec assez de zèle les devoirs du sacerdoce, en même temps que ceux dont il avait accepté la charge.

CHAPITRE XVII

Découvertes géographiques.

« Toute la terre est au Seigneur, » mes amis, vous le savez ; mais pensez-vous quelquefois à le remercier d'avoir donné à tant d'hommes dévoués le zèle des découvertes ? Leurs voyages nous ont fait connaître la terre entière, et leur ardeur ne se ralentit pas. Parlons un instant des principales découvertes.

ISLANDE

Un pilote norvégien jeté par la tempête, en 861, sur les côtes d'une île inconnue, lui donna le nom de *Snœland* (terre de la neige). Quelques années après, un aventurier suédois (Gardar), poussé vers les îles Féroë, enflamma de telle sorte ses compatriotes du désir de s'emparer des nouvelles terres, que le pirate Floki tenta l'aventure.

On prétend que n'ayant aucun indice pour se guider dans ses recherches, le navigateur lâcha successivement trois corbeaux ; le premier ne quitta pas Féroë, le second, après quelques heures, revint au rivage ; mais le troisième prit résolument son vol vers un point précis.

Floki naviga suivant les traces de l'oiseau, aborda en Islande et lui donna le nom qu'elle porte encore. Toutefois il crut que la terre était improductive, et revint en Norvège.

Les premiers établissements qui peuplèrent l'île datent des guerres excitées par le fils d'Harold ; et c'est ainsi que les Suédois, réfugiés en Islande, y attirèrent le zèle des compagnons de saint Anschaire, apôtre du Danemark et de la Suède.

Saint Anschaire (ixe siècle, 814 environ).

« Je me moque du bouleversement des empires et des révolutions, répondait un jour Satan contraint par un exorcisme ; je me joue de tout cela comme d'une fourmilière ; ce que je veux, c'est de traverser les amours de Dieu pour les âmes. »

Dieu, « *qui est amour,* » sait, au contraire, faire servir les évènements les plus tragiques aux desseins de sa Providence ; « il convertit en moyens les obstacles et du crime lui-même se forge une arme puissante. » C'est ainsi que le roi de Danemark, Harold, détrôné par son fils et réfugié à la cour de Louis le Débonnaire, connut et embrassa la vraie religion. Il reçut le baptême à Mayence, en 826, avec la reine, ses enfants, et un grand nombre de ses sujets ; l'empereur Louis et l'impératrice Judith tinrent à honneur d'être ses parrain et marraine ; et lorsqu'Harold remonta sur le trône, il emmena saint Anschaire pour évangéliser le Danemark et les autres peuples voisins.

Harold, encore presque barbare, ne donna aux missionnaires aucun serviteur ; ils avaient déjà beaucoup souffert du voyage, lorsque l'archevêque de Cologne les établit sur une barque spacieuse, divisée en chambres commodes ; Harold demanda aux deux religieux de lui en céder une, de sorte que les soldats eurent quelques égards pour les moines. Ils s'arrêtèrent en Frise, à l'embouchure du Rhin, et commencèrent aussitôt à prêcher

aux nouveaux chrétiens, puis aux païens, dont un grand
nombre se convertit. Leur zèle se manifesta surtout, dans
le soin qu'ils prirent d'acheter de jeunes esclaves pour
les élever dans la foi chrétienne. Bientôt leur école devint
nombreuse et la bonne semence crût rapidement. Dans
l'espace de deux années, les Danois abandonnaient en
masse le paganisme.

La nouvelle de cette conversion du Danemark parvint
jusqu'aux Suédois ; ils envoyèrent demander à Louis le
Débonnaire le moine Anschaire avec des missionnaires
pour l'accompagner en Suède, et le remplacer en Danemark. L'intrépide propagateur de l'Evangile et Vitmar,
dévalisés par des pirates, eurent grand'peine à se sauver.
Poursuivant à pied le voyage à travers mille dangers,
passant les bras de mer comme ils pouvaient, sur de
mauvaises barques, ils atteignirent enfin la capitale et le
port de Birque, situé dans l'île où a depuis été bâtie la
ville de Stockholm, et y furent reçus avec joie par le roi
Biorn (ou Berne). Le jour même, les missionnaires con-
solèrent quelques chrétiens captifs, puis prêchant aux
païens ils furent bientôt entourés de nouveaux fidèles,
entre lesquels le gouverneur de la ville prit tellement à
cœur de donner l'exemple à ses sujets, qu'il bâtit une
église sur ses terres, et s'exerça sérieusement à la pratique
des plus austères vertus.

Il y avait à peine six mois qu'Anschaire était en
Suède, qu'il pouvait sans crainte revenir en France avec
des lettres du roi, exposant à Louis la nécessité d'affermir
le bien déjà commencé. L'exemple de Charlemagne, vainqueur des Saxons plutôt par les missionnaires que par les
armes, engagea Louis le Débonnaire à solliciter du Pape
la création de plusieurs évêchés, et le titre de légat pour
saint Anschaire. Grégoire IV donna encore le pallium au
saint archevêque, et (chose digne de mémoire) le bref

apostolique lui conféra la juridiction sur les Suédois, les Danois, les Slaves et les nations septentrionales, entre autres l'Islande et le Groënland. Ainsi, dès le commencement du ixe siècle on connaissait déjà assez l'Islande et le Groënland pour y envoyer des missionnaires. On ne savait pas alors que le Groënland faisait partie de l'Amérique; mais les contrées du Nord doivent se souvenir que la civilisation leur est venue avec la foi apportée par les missionnaires.

ASIE. — VOYAGES DE RUBRUQUIS (1250)

Les nations de l'Extrême-Orient évangélisées par l'apôtre saint Thomas, attirèrent de tout temps le zèle des missionnaires.

En même temps que l'empereur Héraclius établissait avec la Chine des relations politiques (640), il est prouvé qu'une mission chrétienne parvenait à s'y faire accepter officiellement. L'inscription découverte au xviie siècle, à Si-Ngnan-Fou en est la preuve incontestable (1).

Toutefois le nestorianisme avait envahi la Chine : mais l'hérésie n'est pas vivace et ne peut survivre aux persécutions, le christianisme disparut de la contrée fermée aux ouvriers de l'Evangile.

Pendant la croisade, saint Louis apprit des chrétiens d'Arménie, que le khan des Tartares et le roi d'un pays éloigné témoignaient le désir de connaître la religion

(1) « Le resplendissant Messie, dit l'inscription, voilant sa véritable majesté, apparut dans le monde comme un simple mortel. Les esprits du ciel annoncèrent la bonne nouvelle: « Une Vierge a enfanté le Saint dans la Syrie ! » Une constellation resplendissante a proclamé l'heureux événement, etc. — Il n'est pas jusqu'à la nécessité de la participation des pouvoirs aux œuvres de religion qui n'y soit indiquée, car : « les souverains sans la doctrine ne peuvent être grands, mais la loi et le souverain étant unis, comme le sceau l'est à l'édit, le monde, par cela même, est civilisé et éclairé. »

chrétienne. Le pieux monarque envoya d'abord, mais inutilement, des ambassadeurs qui furent repoussés, comme suspects d'être venus pour soumettre le pays à la domination étrangère. Saint Louis choisit alors deux moines cordeliers, Rubruquis et Barthélemy de Crémone, pour annoncer aux Tartares la bonne nouvelle.

Rubruquis a écrit de son voyage une relation qui jeta le plus grand jour sur la géographie de l'Asie. Partis de Constantinople les deux moines parvinrent en Crimée, puis, traversant les steppes entre le Dniéper et le Tanaïs, ils franchirent ce fleuve pour visiter, à trois journées au delà du Volga, un autre khan que l'on disait chrétien ; mais au contraire, Sartak témoigna le plus grand étonnement à la vue du Crucifix ; les missionnaires furent obligés de s'avancer vers un troisième chef qui devait leur permettre de prêcher la foi. Pendant cinq semaines, ils suivirent, le plus souvent à pied, les rives glacées du Volga avant de rencontrer le chef Mangou. Le grand khan leur permit de se reposer, puis les mena à Karakoroum ; Rubruquis tenta de discuter avec les prêtres des idoles et les hérétiques nestoriens ; mais, dit le moine, « au fond le roi ne croit à personne, et prétend que comme Dieu a donné aux mains plusieurs doigts, ainsi il a donné aux hommes plusieurs chemins pour aller en Paradis. » Voilà bien l'erreur d'un barbare ! erreur adoptée néanmoins tacitement, par ceux dont le cœur est trompé par les passions, et qui prétendent que toutes les religions sont bonnes ; comme si la vérité et l'erreur, le *oui* et le *non* pouvaient marcher de pair !

En cherchant à propager la religion chrétienne, Rubruquis parvenait à recueillir des données exactes sur les mœurs et les coutumes des hordes barbares de l'Asie centrale et à étendre les conquêtes de la géographie. A son retour il donna aux Européens une telle idée de l'étendue et des richesses des contrées orientales, qu'il éveilla l'un des premiers, l'esprit d'entreprise auquel l'Europe dut de si féconds résultats. Rubruquis avait été devancé dans ses explorations lointaines par deux missionnaires, Brocard de Saint-Sion et André de Lucinel; il eut pour imitateurs les deux frères Marc et Nicolas-Paul (Marco-Paulo), Vénitiens, qui visitèrent, en 1260, l'empire de la Chine sur lequel régnait alors le petit-fils de Gengis-Khan.

En 1307, le franciscain Jean de Mont-Corvin fut sacré évêque par le pape Clément V et établit son siège à Kambulick (Pékin).

Les détails de la relation de Rubruquis sont pleins d'intérêt et mériteraient d'être plus populaires. Le premier, il a fait connaître le *Cosmos* (1), l'eau-de-vie de riz qu'il appelle terracine; il a détruit l'erreur accréditée jusque-là en Europe sur la mer Caspienne, que l'on se figurait unie à l'Océan du Nord; il a étudié et reconnu le cours du Tanaïs et celui du Volga.

Il a décrit les bœufs grognants du Tangut et les ânes de Caracorum, si légers à la course. C'est le premier Européen depuis Ammien Marcellin qui ait parlé de la *rhubarbe* comme remède; il a semé sa relation d'observations très curieuses, sur les mœurs des peuples et la géographie physique; et nous a laissé sur les cérémonies et les disputes religieuses des prêtres de la cour de Mangu-Khan, des récits intéressants. Chose étrange, Rubruquis rencontra dans son voyage grand nombre d'Allemands et de Français, employés *par les Mogols* à

---

(1) Le *Cosmos* ou *Koumis* s'obtient en battant le lait de jument, qui se sépare de son beurre et fermente. « En le buvant pour la première fois en Tartarie, dit le moine, je tressaillis d'horreur pour la nouveauté de la boisson, d'autant que jamais je n'en avais goûté. Toutefois je le trouvai d'assez bon goût: il pique la langue comme fait du vin râpé lorsqu'on le boit, et laisse un goût d'amande qui réjouit beaucoup le cœur. »

répandre les arts de l'Occident (que l'on se figure venir de l'Orient), au milieu de ces peuples d'Orient inconnus à l'Occident !

La Chine fut ensuite fermée à tout missionnaire jusqu'à la fin du xviᵉ siècle.

En 1580, le P. Michel Roger, de la Compagnie de Jésus bientôt suivi d'une légion d'apôtres, triomphant de tous les obstacles, porta la croix dans le vaste Empire.

Mais en 1670, le P. de Andrada parvient aux sources du Gange et parcourt le Népaul. Cette contrée s'étend au nord de l'Indoustan, au pied de l'Hymalaya.

« C'est dans le bassin de la Kosi, formée de sept cours d'eau prenant leur source sur le plateau du Thibet, que l'on trouve la plus belle chasse des grands fauves (1) ; cette contrée est le paradis des tigres, la rive gauche est boisée et les forêts s'étendent à perte de vue, s'ouvrant de temps à autre pour faire place à de petites plaines, à de larges clairières ou à de petits marais.

« Une bande de cinq à huit cents mètres, formée d'argile, d'alluvions, borde le fleuve et se couvre d'une herbe épaisse parsemée de lentisques et de bosquets épineux.

« La jungle est un fourré, un amas de branches, un fouillis inextricable de lianes de toutes espèces ; il faut se frayer un passage, soit avec la hache, soit avec le couteau et les éléphants, qui servent de monture. Quand l'animal rencontre un arbre qui le gêne, il le pousse et le casse ; est-il arrêté par une liane, il la saisit avec sa trompe et la présente à son conducteur qui la tord, et laisse au chasseur le soin de la couper ; mais si les lianes sont petites, l'éléphant se sent enchevêtré dans les mille réseaux de la plante et ne parvient pas à les arracher. Le danger de parcourir la jungle est très grand, tant à cause

(1) *Six mois aux Indes*, prince Henri d'ORLÉANS.

des fourrés épais qui brisent tout, qu'à raison des branches à travers lesquelles l'éléphant effrayé emporte son cavalier, qui court vingt fois le risque d'être fracassé.

« Mais quelle végétation luxuriante! Des lianes épaisses comme le bras, couvrent celui qui les attaque d'une sève écarlate; un arbre se couvre de fleurs violettes dont l'odeur attire les cerfs; un autre, d'une parure rouge, quand ses feuilles sont tombées; d'un troisième, les naturels tirent un suc avec lequel ils empoisonnent les cours d'eau pour faciliter la pêche.

« L'oranger épineux et sauvage embaume les airs. Ces retraites sont peuplées d'oiseaux charmants, les perroquets habitent ces palais enchanteurs, le cardinal, le loriot d'or aux ailes noires, le geai bleu et le pigeon à gorge verte volent dans les lianes en fleurs; le long des rivières, les échassiers baignent leurs interminables pattes au bord de l'eau, tandis que le kookooghet jette un cri vibrant comme la cloche, et que l'aigle noir guette sa proie. Mais le plus curieux de tous ces oiseaux est le horn-bill, gros comme le faisan ; il est noir à la poitrine blanche, son bec énorme, d'un beau jaune, est surmonté d'une énorme protubérance et lui sert comme de truelle. Quand la femelle a pondu, toujours dans un tronc d'arbre, le mâle vient la murer entièrement, ne lui laissant qu'une étroite fenêtre au travers de laquelle il lui passe les aliments.

« Un peuple de singes anime la jungle, les espèces les plus communes sont le petit macaque jaune et le grand babouin ; mais l'ennemi commun de tous les animaux et le maître du terrain est le tigre. »

La chasse curieuse du tigre est décrite d'une façon charmante, par le prince Henri d'Orléans dans son ouvrage : *Six mois aux Indes.*

De Calcutta pour se rendre à l'Himalaya il faut environ

Le moine Gerbert invente les horloges à rouages (page 135).

vingt heures de voyage en chemin de fer ou en bateau. Après avoir traversé le Gange on trouve les premiers contre-forts de la chaîne à Siliguri ; avant d'arriver aux montagnes, le pays est marécageux, les plaines semées de bouquets de bambous sont coupées par des espaces de forêts aux arbres droits et aux larges feuilles, formant une voûte impénétrable. De loin les premières collines boisées rappellent les Vosges ; peu à peu on atteindra jusqu'à 7,000 pieds sans s'en rendre compte. Le chemin de fer monte en ligne droite, mais bientôt la pente est trop raide, il côtoie ou tourne la montagne ; les arbres chargés d'orchidées, les lianes s'enlacent aux plus magnifiques fougères. Toute cette végétation luxuriante cache les précipices.

Un peu plus haut, on rencontre quelques côteaux bien ensoleillés et habilement destinés à la culture du thé. Plus haut encore le brouillard enveloppe toute la région, les fougères de toutes espèces, depuis celle qui se cramponne jusqu'aux fougères arborescentes de quinze et vingt pieds, se mêlent aux grands arbres ; c'est le royaume humide. Ruisseaux et cascades se succèdent sans autre variété que celle des rochers glissants qui les bordent.

De Ghum, point habité le plus élevé du monde, on jouit du beau panorama des montagnes ; l'après-midi les nuages cachent le sommet des pics de l'Himalaya. Pour voir l'Everest on doit gravir un autre sommet ; mais il faut se souvenir que, placé à 7,000 pieds, il est difficile de mesurer la hauteur prodigieuse de ces colosses. « Aucune contrée ne peut rivaliser avec celle de l'Himalaya pour la beauté et la variété des insectes entre lesquels les longicornes, les cerfs-volants, les rhinocéros, etc., et la fameuse tarentule grosse comme un petit oiseau. La conservation des insectes aux Indes est très difficile ; on doit traverser leurs membres un à un avec des fils d'acier, et pour plusieurs, les empailler avec les soins les plus minutieux. Les lépidoptères en particulier, sont incomparables de couleurs et de reflets ; le seul papillon aux mines de cuivre du Brésil à reflets métalliques, l'emporte peut-être sur ceux de l'Himalaya. »

Si les richesses de tous ces climats peuvent être admirées des Européens, n'oublions pas que la route en a été ouverte par les missionnaires et, en quelque sorte, tracée par le sang de leurs martyrs.

En 1701, le P. Kino découvre la Rivière-Bleue, dont les eaux, loin d'être azurées, sont jaunes et bourbeuses. Le fleuve garde son cours très marqué bien avant dans la mer, détachant une ligne jaunâtre sur les eaux bleuâtres de l'Océan.

C'est de Fou-Tchéou que l'on apporte la plus grande quantité et la meilleure espèce de thé.

Dans le Sou-Tchen on rencontre sur les rives des fleuves beaucoup d'*arbres à suif*; leur taille et leur port sont ceux du cerisier ; de la graine, grosse comme un pois, on extrait une espèce de graisse employée à la fabrication des chandelles.

Le P. du Halde a donné dans un ouvrage curieux la « *description géographique et physique de l'Empire* de la Chine et de la Tartarie, étonnant édifice devant lequel s'inclinent tous les savants. Il laisse tout pour classer cette correspondance volumineuse, venue de tous les points du globe, et qui doit éclairer le monde, sur des peuples dont les mœurs n'étaient pas plus connues que le langage. » La *notice* qui précède la géographie de toutes les parties du monde (Malte-Brun), avoue que « la géographie doit à cette publication une foule de renseignements utiles. »

Pour donner une idée des sacrifices journaliers auxquels nos missionnaires se condamnent, *pour Dieu* et *la France,* nous citerons le trait raconté par M. G. de Bejaure :

« A Tchen-Tou nous eûmes, dit-il, le plaisir de déjeuner avec trois Français : Mgr Pinchon, évêque de Tchen-Tou ; Mgr Desflèches, évêque de Tchong-Kin, et l'évêque du Thibet, Mgr Chauveau. Ce savant prélat à l'esprit si distingué, habitait sur la frontière du Thibet où plusieurs fois nos zélés missionnaires ont essayé de rentrer ; mais ils n'ont pu pénétrer jusqu'à Sha-ssa. Je vois encore ce bon vieillard, si doux et si heureux de parler de la France avec nous ; quand il sut que des compatriotes allaient arriver à Tchen-Tou, il fit quinze jours d'un voyage pénible pour y venir, et fondit en larmes en nous voyant. C'était un causeur vif, spirituel, charmant. Il nous raconta un fait étrange, qui donne bien l'idée de l'isolement absolu des missionnaires dans ces héroïques exils. Son voisin du Yu-Nan, le vénérable doyen des évêques de la Chine, avait été envoyé là, jeune encore, vers la fin du règne de Louis XVIII. Quelque temps avant l'expédition française de 1860, il reçut un journal qui datait déjà de cinq ou six ans, auquel il ne comprit rien du tout. Quand il lui arriva enfin de voir une figure européenne, il s'enquit avidement des nouvelles de la patrie, et sa stupéfaction fut profonde : il avait ignoré les six années de Charles X, la Révolution de Juillet, Louis-Philippe, la République, et le second Empire !

CHAPITRE XVIII

Afrique.

L'Afrique, cette terre aux chrétiens primitifs, dont les
déserts mêmes avaient fleuri, peuplés de milliers de
solitaires, était sous le joug des mahométans, des juifs,
des païens ; les peuplades chrétiennes avaient été infestées
des hérésies d'Eutychès et de Nestorius.

Au milieu du XVI° siècle seulement, le roi d'Ethiopie
sollicite des prêtres catholiques. C'est en Abyssinie d'a-
bord que le P. Oviédo porte ses pas ; mais la persécution l'y attend, car les Mahométans ont persuadé au
prince qu'avec la foi le missionnaire apporte le règne des
Européens ; cependant on n'ose se défaire d'Oviédo, on
le relègue au désert avec ses compagnons ; il ne peut
en sortir, nul ne peut y entrer, les intrépides religieux
parcourent cette prison d'un nouveau genre. Oviédo
gagne les nègres à l'Evangile, partage leurs travaux, les
encourage par ses exemples, soulage leurs douleurs, con-
sole leur dénuement ; lui-même n'a ni pain, ni vêtements,
mais il écrit au Pape ces paroles sublimes : « Quelles que
soient les tribulations qui nous assiègent, je désire bien
vivement rester sur ce sol ingrat, afin de souffrir et peut-
être de mourir pour Jésus-Christ. »

La mission du Congo avait été fondée par les Domi-
nicains en 1485, quand les Portugais y firent invasion.
En 1547, les Jésuites y parurent, mais, en 1555, ils en

sont chassés et se dirigent vers la *Cafrerie*. Silveira, à la fin de 1561, arrive au *Monomotapa,* où il obtient la couronne du martyre.

L'esclavage existe dans toutes ces contrées, mais le *Soudan* est, par excellence, le lieu du commerce infâme *des esclaves.*

Les capitalistes qui veulent s'enrichir ou les aventuriers sans le sou, entreprennent également et de la même manière une *expédition heureuse* au Nil-Blanc. Voici, selon les derniers explorateurs, comment ils s'y prennent : un homme emprunte à cent pour cent, et promet de rembourser en ivoire, à moitié prix de sa valeur commerciale.

Après s'être pourvu de vaisseaux, de 2 à 300 vauriens arabes ou étrangers au pays, d'une certaine quantité d'armes à feu et de verroterie, il remonte le Nil jusqu'au point déterminé pour l'expédition. Là, tout le monde s'avance, et par les présents de verroterie, par les expériences de la portée des fusils, on cherche à gagner la confiance du chef de quelque tribu nègre. Bientôt le malheureux roitelet croit avoir trouvé des vengeurs contre ses voisins, et ne manque pas de conduire ses nouveaux amis aux environs d'un hameau. Avant l'aube du jour, la troupe cerne les huttes en silence, y met le feu, les habitants terrifiés se sauvent en hâte ; alors commence la plus horrible scène, les hommes sont massacrés comme dans une battue de chasse, les femmes, les enfants attachés ensemble, forment une horrible et longue chaîne d'êtres vivants, et sont conduits au quartier général ; pendant que l'ivoire entassé dans les huttes, les bracelets de fer ou de cuivre et tout le bétail, deviennent la proie du vainqueur. Les vaisseaux chargés de la cargaison humaine reviennent à Kartoum, les acheteurs, presque tous Arabes. revendent à travers le pays les malheureux

esclaves. « Il n'y avait guère de maison à Kartoum qui
« ne fût pleine de malheureux captifs, écrit en 1869
« M. W. Baker, explorateur du Nil-Blanc, et les officiers
« égyptiens recevaient une partie de leur paye en
« esclaves. »

L'Eglise a de tout temps réclamé contre *l'esclavage*; à
mesure que les païens se convertissaient à l'Evangile, ils
affranchissaient leurs esclaves : saint Tiburce donne la
liberté à ses 400 esclaves, saint Paulin de Nole en fait
autant, saint Vincent de Paul se vend lui-même pour
racheter un esclave; tous les saints les protègent, les consolent, les instruisent, les affranchissent, les rachètent au
prix d'effrayants sacrifices et souvent de leur propre
liberté.

La compassion anglaise a tenté vainement d'abolir
l'esclavage dans ses colonies d'Amérique, par exemple;
mais l'Angleterre protestante n'a ni la volonté, ni la force
de l'Eglise catholique contre l'esclavage : elle s'est con-
tentée de *régler* l'esclavage d'après un code, sans le mutiler et sans l'exposer au danger de mort! L'état des nègres
dans la Louisiane est tel, que l'esclave est assimilé aux
plus vils animaux; les nègres sont mis aux enchères,
choisis, examinés, séparés sans distinction d'âge, de
sexe, comme des chevaux à la foire.

Les missionnaires catholiques, les Jésuites en particulier,
arrivaient au contraire dans l'Angola et sur les côtes de
Guinée pour racheter les captifs, fortifier les esclaves ou
partager leur captivité; ils tentaient, au Congo, de convertir les nègres à la foi, et luttaient sans relâche contre
l'avarice des Européens, qui voulaient en faire de tristes
objets de négoce.

Mais entre tous les héroïques défenseurs des esclaves
et des nègres, il est un nom béni qu'il faut prononcer
avec admiration.

L'Esclave des Nègres

A la même époque où le P. de Rhodes entrait au Tonkin, Pierre Claver évangélisait la Guyane par les exemples de la charité qui se *sacrifie :*

Dans la Colombie, au port de Carthagène, considéré comme une sorte d'entrepôt général où l'on trafiquait des noirs, Pierre Claver, récemment placé sur les autels, arrive à la fin de 1615 pour y continuer le ministère du

P. de Sandoval qui avait achevé, couvert d'ulcères, une vie commencée dans l'opulence et le luxe.

L'existence de Saint Pierre Claver pendant trente-neuf ans (de 1615 à 1654), se partagea entre l'assistance des esclaves débarquant au port de Carthagène, ceux que leurs maîtres avaient condamnés aux plus rudes travaux, et le soulagement des malheureux entassés à fond de cale.

Le missionnaire, averti de l'arrivée d'un navire, sans attendre le débarquement, offrait aux esclaves anéantis par la chaleur, la soif, la crainte et les mauvais traitements, du biscuit, du tabac, des boissons rafraîchissantes ; il pansait les blessés, portait les malades, se glissait près de leurs couches infectes, leur parlait du Ciel, véritable patrie; de Dieu, *notre Père,* qui allait bientôt briser leurs chaînes; il baptisait les petits enfants, et parvenait aisément à leur faire comprendre qu'il n'avait qu'un désir : partager leur existence pour en adoucir les épreuves.

Autorisé par les colons, l'apôtre qui s'intitulait : *esclave des nègres pour toujours* et devait signer ainsi l'acte de sa profession, visite les esclaves dans leurs cases ou dans les divers lieux du travail. Courbé sous le poids des cadeaux qu'il leur destine, saint Pierre Claver s'appuie sur un bâton, et sa tête courbée par la fatigue lui permet de tenir un regard plein d'amour, continuellement fixé sur le crucifix pendu à son cou. L'image de Celui qui a tant souffert, enflamme le zèle du saint; il voit le sang du Sauveur répandu *pour tous,* et son ambition ne sera satisfaite qu'après en avoir arrosé les âmes des pauvres nègres.

L'odeur insupportable d'une telle agglomération, celle du quartier des malades même, ne peut arrêter sa charité; nul ne surprend dans la physionomie du prêtre le moindre signe de répugnance.

Il pouvait bien prêcher la résignation, ce père des pauvres nègres! ils le voyaient laver leurs ulcères, se priver pour eux des choses même nécessaires, vivre au milieu d'eux consumé par la fièvre, brûlé par le soleil, couvert de leur vermine, néanmoins toujours souriant, et mettant à la portée de toutes les intelligences le précptes de la loi d'amour. Le cœur de l'apôtre, invinciblement et comme miraculeusement averti de la présence des nègres, parvient à découvrir ceux que des marchands avares cachent aux droits du gouvernement, il obtient, par la promesse du secret, l'autorisation de les visiter comme les autres; il baptise un grand nombre de ces malheureux, exige qu'on les admette dans les églises à la prière commune, et parvient enfin à implanter la vertu dans les cœurs des enfants de Cham, maudits depuis près de soixante siècles.

Au contact des lépreux, des pestiférés, des pauvres nègres couverts des ulcères du vice autant que des meurtrissures de leurs chaînes, le saint *esclave des nègres* perd peu à peu l'usage de ses membres et expire le 8 septembre 1654, dans la dernière étreinte de la douleur et de la charité.

Le feu de cette charité chrétienne ne s'éteint pas, il brûle de nos jours dans le cœur de nos missionnaires. « Tous les missionnaires, vaillants et modestes pionniers de la civilisation, travaillent sans bruit au milieu des sauvages. Nous les avons vus à l'œuvre, écrit le commandant Mattei, vivant de privations, cultivant la terre en même temps que les âmes ; nous avons été témoin de leurs efforts pour bannir l'esclavage et extirper les coutumes barbares que pratiquent ces malheureuses populations ; et nous nous découvrons devant ces héros, que nous sommes très er d'avoir servis...

« C'est l'histoire en main et libre de préjugés qu'il faut apprendre à connaître cette vaillante milice. Pour nous, si nous lisons les annales de tous les pays, nous voyons dans tous la bonne influence des missionnaires. N'est-ce pas à eux, en effet, que l'Europe doit d'être civilisée, et n'est-ce pas par eux encore que l'Afrique sera régénérée ? »

« ... C'est avec les missionnaires du Saint-Esprit et du Saint-Cœur de Marie, que M. de Brazza a accompli ses grands travaux du Congo ; c'est aux Pères des Missions Africaines de Lyon, qu'il aurait fallu s'adresser pour la pacification du Dahomey. C'est aux enfants de Mgr de Lavigerie, aux *Pères blancs*, que l'on doit, en grande partie, la solution du problème des *Grands Lacs*... Seuls ils connaissent ces différents pays, car ils sont plus à même que les explorateurs d'étudier les mœurs et les caractères des populations avec lesquelles ils vivent continuellement. »

Le trait suivant date à peine de quelques mois :

Mgr Chausse, premier évêque de la côte de Bénin, vient de mourir ; et le journal protestant rend compte en termes émus de la messe funèbre célébrée en l'église catholique de la côte Ouest africaine : « Des flots pressés de fidèles se dirigeaient, dès les premières heures du jour, vers l'église Sainte-Croix. Dans l'intérieur de l'édifice sacré, l'autel, le trône de l'évêque, les murs, les fenêtres, étaient ornés de tentures noires, et au milieu de la nef, on avait élevé un catafalque sur lequel étaient déposés les insignes de l'évêque défunt. »

Le R. P. Ray, a célébré les rares mérites du premier évêque du Bénin, et rappelé l'œuvre considérable accomplie par Mgr Chausse, qui multiplia les écoles, les dispensaires, les hôpitaux ; bâtit, à Porto-Nuovo, Lagos et autres lieux, des églises qui pourraient être l'orgueil des centres catholiques de la côte occidentale d'Afrique ; il racheta des esclaves, établit une ferme-école, fonda des villages chrétiens, entreprit de longs voyages, alla jusqu'à Bida, visita les villes sur les rives du Niger, établit des missions, etc.

CHAPITRE XIX

Découverte du Nil Bleu.

Aussi bons patriotes que zélés missionnaires, les religieux portent partout la jalouse préoccupation de leur patrie, à laquelle ils se rattachent par la conquête d'une science ou le souvenir d'une découverte.

François Paëz, missionnaire jésuite, né à Olmedo, en Espagne, en 1564, entré dans la Compagnie à l'âge de dix-huit ans, sollicita les missions lointaines. Désigné d'abord pour Goa il fut l'année suivante envoyé en Abyssinie. Revêtu du costume arménien, il attendait à Ormus depuis un an l'occasion de pénétrer dans sa mission, lorsqu'il fut capturé par des Arabes, enchaîné pendant sept ans à bord du navire et enfin racheté. Ses longues souffrances n'avaient fait qu'enflammer son zèle ; il reprit le costume arménien, et cette fois pénétra en Abyssinie (1603). Appliqué d'abord à l'étude de la langue, dès qu'il la posséda parfaitement, il admit à ses écoles les enfants abyssins comme les portugais ; bientôt le bruit des progrès merveilleux de ses élèves pénétra jusqu'à la Cour, le prince d'Abyssinie le manda en sa présence et le reçut avec les honneurs réservés aux plus hauts dignitaires. Za-Denghel fut tellement frappé des discours du missionnaire, qu'il résolut d'embrasser le christianisme ; dans son ardeur il n'écouta pas les conseils de prudence du P. Paëz, une révolte éclata parmi ses sujets encore barbares, le roi périt dans la bataille; mais son fils combla le missionnaire de nouvelles faveurs, voulut assister à la messe, entendre les prédications; enfin il donna un grand terrain pour construire un monastère, une église et un palais pour lui-même.

Le P. Paëz fut en même temps architecte, maçon, charpentier et décorateur des nouveaux bâtiments; il accompagnait aussi le roi dans ses expéditions et mettait à profit l'occasion d'étudier les mœurs du pays, d'examiner les curiosités des monts abyssins, en particulier les cours d'eau si pittoresques de cet empire. Un jour que le missionnaire se promenait autour du camp près de Sacala, il gravit une montagne, beaucoup moins haute que les autres; et de là contemplant la vallée et le revers de la montagne, il aperçut l'orifice de deux fontaines, dont l'une de quatre palmes de diamètre à peine, laissait échapper l'eau qui courait avec impétuosité de la pente au pied de la montagne. L'empereur et les indigènes étaient fort surpris de la joie du Père et de l'importance qu'il ajoutait à ce phénomène; le missionnaire entreprend aussitôt de suivre le cours de cette eau si abondante, qu'elle cause, assure-t-on, une sorte de tremblement dans la montagne; il traverse les précipices, gravit les rochers, suit les cascades d'où elle retombe en écume et en vapeur, et arrive à constater qu'il a trouvé la *source du Nil Bleu*, de ce fleuve-roi dont Cyrus, Cambyse, Alexandre et César avaient inutilement désiré connaître la naissance.

Le *Nil* ne ressemble à aucun autre fleuve; à l'époque où l'eau des fleuves d'Europe a baissé sous l'action de la chaleur (en juillet et août), le Nil déborde; il verse sur l'Egypte une véritable bénédiction en lui portant ses eaux dans la saison la plus sèche de l'année. Or comme le Nil ne reçoit pas un seul affluent sur une étendue de près de

880 milles, on a dès les temps les plus reculés cherché à connaître la source du fleuve-roi.

L'*Atbara* amène au Nil toutes les eaux de l'Abyssinie ; mais à cet endroit, l'immense perte d'eau à travers les sables du désert diminue beaucoup le volume du fleuve, qui n'atteint son maximum qu'au-dessous du confluent de l'Atbara.

Le *Nil bleu* est si bas pendant la saison sèche qu'il ne peut transporter les petits bâtiments de commerce ; mais l'eau y est si limpide et reflète avec une si merveilleuse transparence, le ciel sans nuage, que cette branche orientale du Nil a reçu le nom de Bahr-el-Azrak ou *Nil Bleu*. De plus, l'eau est excellente au goût, tandis que celle du Nil Blanc, chargée de détritus, est détestable.

Dans la saison sèche, les affluents du Nil Bleu sont parfois complètement à sec ; quelques lacs ou flaques d'eau stagnante, donnent asile aux crocodiles, aux hippopotames, aux tortues et aux poissons qui s'y entassent, pendant que les bambous, les roseaux et même quelques arbres croissent dans les alluvions, jusqu'au moment où la crue des eaux emporte tout dans un courant irrésistible vers le confluent du fleuve.

La jonction des deux Nils à Kartoum a lieu dans un pays plat, l'horizon n'est accidenté dans aucune direction à perte de vue.

Près de Bagara, au-dessus de Kartoum, le sol est plat et couvert de mimosas ; les îles flottantes très nombreuses, sont en partie formées du rassemblement de végétaux analogues au chou de nos contrées ; ces agglomérations sont telles qu'elles arrêtent au passage les autres plantes ; entourées d'énormes nénufars blancs en fleur, elles paraissent des îles innombrables entre lesquelles habitent les hippopotames. Sur les rives, l'arbuste *anémone mirabilis* réjouit les yeux par ses fleurs à la corolle dorée; de son bois, si léger qu'on le transporte aisément d'un endroit à l'autre, on fait de solides radeaux. Un poisson curieux, le *Tétrodon*, habite le fleuve ; il peut s'enfler à volonté au moyen d'une vessie, qu'il remplit d'air par des orifices qui s'ouvrent et se referment sous les nageoires, et par leur mouvement. La peau du dos est noire, à raies jaunes ; celle du ventre, blanche, très épaisse, armée d'aiguillons ; et la colle, fraîchement enlevée de l'animal, a la solidité du métal.

Depuis la jonction du Bahr-el-Gazal, le Nil n'a guère plus de 120 mètres de large et le courant est faible, car le lac qui se trouve à l'embouchure du Bahr-el-Gazal est le résultat de l'écoulement des eaux du Nil dans le bassin déprimé de l'affluent, dont les bords marécageux sont peuplés d'hippopotames. Les fourmis blanches élèvent sur ses bords des constructions de 10 pieds de haut, et pendant l'inondation se réfugient aux étages supérieurs.

Pour se débarrasser des moustiques, les naturels entretiennent au milieu du campement des monticules de fumier embrasé ; ils se couchent sur les cendres, puis s'en frottent le corps, ce qui leur donne un aspect diabolique.

Les tribus de ces parages, en particulier celle des Kitchs, sont pauvres et déformées par la faim, étant parfois réduites à manger les os des animaux morts, ou à les broyer entre deux pierres pour en pétrir une sorte de pâte.

Cependant, jusque dans ces affreux parages, des missionnaires ont vécu de longues années, pauvres et dénués ; ils sont morts sans avoir réussi à convertir un seul nègre, et les survivants durent se retirer d'une mission inutile à ces pauvres sauvages abrutis. Mais ils ont repris ce laborieux apostolat, et le voyageur rencontre la robe noire sur les bords du Nyanza.

La forme du Nil en général est celle d'un cordon posé

négligemment sur la carte, terminé par un beau gland triangulaire : le Delta ou branches du fleuve, qui envoie ses eaux à la mer. Le Nil surpasse en longueur le grand fleuve américain des Amazones; la distance du pôle à l'Équateur, est moindre qu'une fois et demie la longueur du Nil; mais le petit nombre de ses affluents, l'évaporation produite par le soleil d'Afrique, les vents du désert et le lit souvent sablonneux du fleuve, font qu'il déverse une masse d'eau bien inférieure à celle des grands fleuves d'Amérique.

Les lacs Nyanza étaient signalés depuis plus de deux siècles par les missionnaires portugais, lorsque Livingston, Stanley, Speck, Grant puis Baker entreprirent de les décrire scientifiquement.

La chaîne de montagnes limite jusqu'à sa source la vallée du grand fleuve ; arrivée au nord du lac Albert, elle tourne à l'ouest et se bifurque en nombreux contre-forts sous le nom de Montagnes Bleues, tandis que la contrée de l'est, entre le lac Albert Nyanza et le lac Victoria Nyanza, est beaucoup moins accidentée. Les deux grands lacs sont donc les sources du Nil Blanc et reçoivent tous les affluents au sud de l'Équateur; mais de plus le lac Albert réunit toutes les eaux descendant au nord des Montagnes Bleues, comme aussi le trop plein du lac Victoria qui le lui envoie par la branche du *Nil Sommerset,* et la superbe cataracte de Murchisson par laquelle les eaux se précipitent dans le lac Albert; de sorte que le fleuve n'est réellement lui-même qu'en sortant du lac Albert.

A Gondokoro, la largeur approximative du Nil est de 400 mètres, en ne tenant pas compte des eaux dormantes, retenues en dehors du courant par les amas de végétation.

« Supposons que vous arriviez au grand lac, disait le chef de Latoukas, qu'en ferez-vous? à quoi vous sera-t-il

bon ? Et quand vous aurez découvert que le grand fleuve
en découle, qu'en résultera-t-il ? »

Voilà le raisonnement du barbare ; le voyageur fait
avancer la civilisation et le missionnaire achète les
âmes !

La source du grand fleuve serait, suivant les uns, le lac

Victoria Nyanza à l'est ; suivant les autres, le lac *Albert
Nyanza* à l'ouest ; suivant d'autres encore, un cours d'eau
sortant du lac resterait à découvrir comme la vraie source
du fleuve. Toujours est-il que le cours d'eau sortant du
lac Victoria touche au nord-ouest le lac Albert, puis prend
sa route vers le nord, à travers les dépressions du sol

Invention du Télescope et des Lunettes (page 137).

marécageux auquel les géographes ont donné le nom expressif de *Région des embarras*.

VISITE AU DELTA

La visite au pays du Delta offre d'intéressants souvenirs historiques et chrétiens ; nous en dirons quelques mots, renvoyant nos lecteurs à l'ouvrage remarquable, aussi attrayant pour les jeunes gens que pour les érudits, du R. P. Jullien (*L'Egypte*).

A une distance peu considérable des rives, une chaîne de montagnes limite la vallée jusqu'au Caire. La chaîne orientale est abrupte et souvent coupée à pic. La largeur du Nil à son entrée en Egypte est de 900 mètres en moyenne. Des îles nombreuses et fertiles sèment le cours du fleuve.

L'auteur, dont nous abrégeons considérablement le beau récit, suppose que l'on entre en Egypte par Suez; c'est la route la plus rationnelle en venant d'Europe pour faire une excursion à Tunis, Damiette et Mansourah.

Quittant le chemin de fer à Fakous, il faut se procurer comme l'on peut une barque pour aller à *Tanis* en suivant le canal. « Que de choses, que de bêtes, que de personnes petites et grandes dans cette pauvre barque ! Et puis, quelle odeur de poisson de mer gâté ! Tout s'arrangera. Pendant qu'on étend une natte et que l'on construit un rempart de gros sacs de fèves, notre hôte va prendre dans son jardin quelques rameaux d'une plante grasse à odeur aromatique très pénétrante, qui neutralisera le haut goût de poisson gâté. Cette plante remplace quelquefois en Egypte le basilic de nos petits ménages. »

Tanis est nommée huit fois dans les Saintes Ecritures et placée au même rang que la superbe Memphis ; ses grandes ruines, les colonnes brisées, les sphynx mutilés, les débris de plusieurs temples, couvrent probablement la poussière des palais des Pharaons; et dans ses ruines gigantesques, on ne reconnaît que les temples et les tombeaux.

Au moment où le canal atteint le lac Menzaleh (entre Damiette et Port-Saïd) se trouve le lieu où sur l'ancienne branche du Nil « la fille de Pharaon aperçut un berceau arrêté dans les tiges de papyrus et recueillit l'enfant » qu'elle nomma *Moïse*. Rien de singulier comme la navigation sur le grand lac : les barques larges et plates doivent avancer sur un mètre d'eau ; le mât est garni d'une voile de dix mètres de haut, deux hommes rament ou poussent la barque ; si elle touche un banc de sable, ils se mettent à l'eau et la dégagent ; l'eau s'infiltre continuellement dans les barques, et pour la rejeter on se sert d'un bec de pélican muni de sa grande poche. Le nombre de poissons que nourrit le lac est incalculable ; d'autre part les pélicans, les oies sauvages, les cygnes, les flamands y abondent de telle sorte, que l'on prétend qu'ils consomment chaque jour 60,000 livres de poisson.

Damiette, fondée probablement dans les premiers siècles de l'ère chrétienne, est assise sur la rive droite de la branche orientale du Nil.

Lorsque les croisés pénétrèrent dans la ville, elle comptait soixante-dix mille habitants. La grande mosquée, remarquable surtout par ses superbes colonnes de marbre, fut consacrée aussitôt à la Très Sainte Vierge.

De nombreux canaux parsemés des fleurs flottantes du lotus blanc, et des étoiles bleues de la *nymphe étoilée*, donnent à la campagne environnante un aspect enchanteur. Le séneçon qui croît en abondance sur les bords du Nil, porte des feuilles grasses dans les sables salés de la plage, et des feuilles maigres dans les terrains non salés.

Les souvenirs de saint Louis se retrouvent partout

vivants et sacrés, près de Damiette et de Mansourah. C'est près de Farescoun que se passa la scène tragique et sublime si connue : le roi allait atteindre Damiette où il recouvrait sa liberté, lorsque les émirs se précipitent sur leur sultan ; le chef des Mamlouks l'achève d'un coup de sabre et se présente les mains teintes de sang devant saint Louis, lui demandant de le faire chevalier. La chevalerie était une institution religieuse autant que militaire, on n'y était admis que par une cérémonie religieuse. Saint Louis protesta que jamais il n'y souffrirait un infidèle. En vain le farouche musulman répétail-il : *Fais-moi chevalier*. Le roi répondait avec une dignité calme qui aurait pu lui coûter la vie : *Fais-toi chrétien et je te fais chevalier*. Tant de courage désarma les infidèles qui « n'avaient jamais vu de si fier chrétien. »

On montre l'emplacement du village où la tradition croit que saint Louis fut fait prisonnier. Il est à 34 kilomètres de Mansourah, demeure du pieux monarque pendant sa captivité. Le roi était enchaîné d'une chaîne de fer, si dépouillé et si malade que le sultan le fit soigner par son médecin, et qu'un pauvre homme lui donna sa casaque.

L'emplacement de la maison de Fakhr-Eddin est maintenant au centre de la ville, à 500 mètres du fleuve. Un étroit passage conduit à une petite cour longue et étroite, sur laquelle s'ouvre une salle voûtée de 8 mètres sur 3 et que l'on nomme encore *prison de saint Louis*; ces lieux si vénérables sont entièrement négligés et la pièce où se tenait le roi, encombrée de débris; les démarches tentées à plusieurs reprises par la France pour acquérir cette demeure n'ont jamais abouti à cause des changements successifs de notre gouvernement, qui n'a pas le temps de mener à bonne fin aucune entreprise.

SOUVENIRS DE LA SAINTE FAMILLE.

Le séjour de la Sainte Famille en Égypte est attesté non seulement par la Sainte Écriture, mais par les traditions et les monuments. Près de Mataryeh existe un jardin de *baume* où une très ancienne coutume honore *l'arbre de la Vierge*. C'est un vieux sycomore (1) près duquel se trouve une source miraculeuse, dont les eaux auraient jailli tout à coup pour désaltérer la Sainte Famille et faciliter à la Très Sainte Vierge les soins à donner à l'Enfant Jésus. Un pèlerin du xv⁰ siècle décrit en prose rimée ce lieu vénéré :

> ... « Là fut montré un grand figuier large et spacieux,
> Et bien semblait qu'il était vieux.
> Le tronc avait grant concavure
> Où fut logée la Vierge pure
> Avec *Jésus ;* car, quant logis
> Joseph ne put trouver,
> En ce lieu voulut reposer,
> Près du figuier, lequel s'ouvrit
>   Par tel proufit (profil)
>   Que logis fit
>   Au Créateur
>   Et à sa Mère,
>   Noble repaire
>   Et de valeur. »

Quant au nom de *jardin de baume,* il est conservé au jardin de Mataryeh, bien que les baumiers aient disparu. On sait que le baume se récoltait en Judée dans les jardins d'Engaddi près de Jéricho. « A toutes les odeurs, dit Pline, on préfère le baume, donné à la seule terre de Judée. » La tradition chrétienne de l'Égypte, est que le baume vint dans le pays en même temps que la Sainte Famille; et les

---

(1) Le sycomore d'Orient diffère entièrement de l'espèce d'érable connu en Europe sous ce nom. Ses feuilles persistantes ressemblent à celles de l'aulne ; en automne il porte une sorte de figues, rondes et excellentes quand on les mange fraîche-cueillies.

pèlerins assurent que les chrétiens seuls possédaient le secret de le cultiver et de le préparer. On cite à ce propos que le calife interrogeant un jour un jardinier chrétien, celui-ci répondit : « Dussè-je être tué, je ne dirai mon secret à personne. »

Voici comment un célèbre médecin et écrivain arabe du XII⁰ siècle décrit le baumier, et l'extraction du baume à Mataryeh : « Le baumier est au nombre des végétaux remarquables de l'Egypte ; il a une coudée de hauteur et deux écorces : l'une extérieure, rouge et mince; l'autre intérieure, verte et épaisse. Quand on mâche celle-ci, elle laisse dans la bouche une saveur onctueuse et une odeur aromatique. Ses feuilles ressemblent à celles de la *rhue*.

On recueille le baume vers le lever de la canicule, de la manière suivante : Après avoir arraché de l'arbre toutes ses feuilles, on fait au tronc des incisions avec une pierre aiguë. Cette opération exige de l'adresse, car il faut couper l'écorce supérieure et fendre celle de dessous, de manière que la fente n'atteigne pas le bois (le baume étant renfermé dans les canaux de l'écorce interne). Si l'on attaque le bois, l'incision ne donne aucun produit. La fente faite, on attend que le suc de l'arbre coule au dehors ; on le ramasse avec le doigt, que l'on essuie sur le bord d'une corne. Quand la corne est pleine, on la vide dans des bouteilles de verre. Plus l'air est humide, plus la récolte est abondante.

On enfouit ensuite les bouteilles dans la terre, jusqu'à ce que l'été soit dans toute sa force et aux plus grandes chaleurs ; alors on les retire de terre et on les expose au soleil. Chaque jour on trouve l'huile, qui surnage sur une substance aqueuse, mêlée de parties terreuses. On prend l'huile et l'on remet les bouteilles au soleil jusqu'à ce qu'il n'y ait plus d'huile. Alors un homme la recueille et la fait cuire secrètement, sans souffrir que personne assiste à cette opération ; ensuite il la transporte dans le magasin du souverain. » Aujourd'hui il n'y a plus de baumiers en Egypte ; ils ne croissent plus que sur les coteaux entre la Mecque et Médine. Ce fait des baumiers transportés à Mataryeh en même temps que Jésus n'est-il pas significatif : « semblable à la grâce sanctifiante du Christ, dit Cornelius a Lapide dans son commentaire sur l'Ecclésiastique, le baume découle des plaies faites par la main de l'homme à l'arbre qui le produit, et préserve nos corps de la corruption. Le baume de Mataryeh ne fut-il pas dans les desseins de Dieu une gracieuse figure, annonçant à l'Egypte et aux nations que Jésus, la source de toute grâce, est venu les visiter ? »

Longtemps le baume de Mataryeh fut seul employé pour le Saint-Chrême.

Il est probable que la Sainte Famille habita surtout en Egypte la ville d'Héliopolis (1). Le gouverneur était alors Aphrodisius encore jeune ; lorsque la très sainte Vierge entra dans le temple avec le saint Enfant, toutes les idoles tombèrent la face contre terre et se brisèrent à leurs pieds ; à cette nouvelle Aphrodisius se rendit au temple pour s'assurer du fait (2). Lorsqu'il vit les statues renversées, et qu'il jeta les yeux sur la divine Mère tenant entre ses bras l'Enfant Jésus, il fut intérieurement éclairé et adora en disant : « Si ce n'était pas le Messie attendu,

(1) *L'Egypte*, par le R. P. Jullien. *Itinéraire de la Sainte Famille* d'après la tradition chrétienne. La Sainte Famille entre en Egypte par Péluse, passe par Babaste (aujourd'hui Tell-el-bastah près Zagazig), puis Belbeis, puis Héliopolis où elle demeure probablement à Mataryeh. A Babylone d'Egypte, aujourd'hui Kasr-ach-Chemmah, près du vieux Caire. Remonte le Nil jusqu'à Hermopolis Magna ou Achmounein, à 300 kilomètres du Caire ; même peut-être au delà de Cusæ ou Quossieh où s'élève le couvent schismatique de Deih-el-Moharag. Retourne en Galilée par la même route de Péluse.

(2) Voir sur ce sujet les détails charmants donnés par le R. P. Jullien.

nos dieux ne se seraient pas prosternés devant lui, le reconnaissant pour leur Seigneur. »

Après la mort de Notre Seigneur, Aphrodisius fut ordonné évêque par Sergius Paulus, disciple de saint Paul et envoyé à Béziers pour en être le premier pasteur.

« Dieu, dit saint Thomas, l'agent universel, écrit non seulement avec les mots comme les hommes, mais aussi avec les choses. » Les savants et les interprètes affirment avec toute la tradition, et les monuments de l'antiquité le prouvent, que Héliopolis (la ville du soleil), ou plutôt Mataryeh, campagne environnante, fut le séjour habituel de la Sainte Famille pendant son exil en Egypte. Il est presque certain toutefois qu'elle s'avança jusqu'au vieux Caire et à Memphis ; au retour la tradition nous montre les saints voyageurs s'arrêtant à Péluse, après avoir rencontré les voleurs, entre lesquels se trouva le compatissant camarade qui rendit à Marie tous ses petits bagages, fut en récompense béni par Jésus, le reconnut sur la croix pour le Sauveur, obtint d'entrer avec lui au Paradis, et est aujourd'hui nommé par l'univers entier *le bon larron*.

Quelques détails encore sur la fertilité de l'Egypte si bien décrite dans l'ouvrage du R. P. Jullien.

— Le *coton* est la principale richesse de la Basse-Egypte ; une autre malvacée, *l'hibiscus cannabinus*, se plante en haie autour des champs, arrête les bestiaux par ses épines, et fournit une excellente filasse pour les cordes.

— Le *riz* d'Egypte a le plus souvent une couleur rosée due aux débris de glumelle échappés au mondage, car la plante est munie d'une barbe rouge, bien que le grain soit très blanc.

— Le *maïs* pousse rapidement deux mois après avoir

été semé ; on en fait double récolte : en juin et en août.

— Le *blé* (en particulier nos blés durs d'Algérie riches en gluten) est d'une récolte excellente.

— La *canne à sucre*, le *tabac*, les *fèves*, les *oignons merveilleux*, les *lentilles* etc., sont autant de productions de ce sol fertilisé naturellement par les crues du Nil, dont le limon contient 1/000 d'azote, principal élément de fertilité ; l'épaisseur du limon déposé annuellement est d'un millimètre 6/10, soit 16 kilogrammes d'azote par hectare ; il est évident que le limon ne suffirait pas à fertiliser le sol, mais l'atmosphère rend au sol une grande partie de l'azote absorbé par les plantes. En effet, quand les eaux se sont retirées, le soleil brûlant fendille le sol argileux de profondes crevasses dans tous les sens ; enfin d'autres causes favorisent la végétation, par exemple l'état électrique de l'atmosphère, sa sécheresse absolue au printemps, son humidité en été, etc. ; mais l'œuvre du tout-puissant Créateur aura toujours pour l'homme d'inviolables secrets.

— Les *ânes* du Caire sont blancs, ils forment une race à part et valent le plus beau cheval. L'animal tient sa tête haute, piaffe comme le cheval de race, trotte vivement et galope aisément ; « jamais la moindre inégalité de caractère... aussi cette monture n'a rien d'humiliant : tous s'en servent, riches et pauvres, prêtres et magistrats, officiers et soldats. »

Les simples baudets ne ressemblent en rien à ceux que nous connaissons; on les élève avec soin. Dès la première année les extrémités des oreilles du jeune baudet sont maintenues droit au-dessus de la tête, ses jambes entourées de bandelettes prennent des formes élégantes. Il n'est ni maltraité, ni surchargé.

L'ânier ne quitte jamais son âne ; c'est ordinairement un enfant de dix à quinze ans, aux jambes nues, vêtu d'une tunique bleue et coiffé d'un turban aux vives couleurs ; il encourage son âne au lieu de le battre, lui montre de la baguette les mauvais pas, et lui fait porter pour une mince rétribution les petits paquets du voyageur. La modeste nourriture du coursier ne coûte guère, le conducteur lui passe avec le doigt dans la bouche une corde de trèfle blanc qu'il mange sans débrider, et une fois le jour il accorde à son âne pour 50 centimes de fèves sèches.

Spina-Christi. — « L'espèce de jujubier connu vulgairement sous le nom de *Zizyphus Spina-Christi* est très commun aux environs du Caire où il atteint de grandes dimensions. » Ses fruits ressemblent à une belle olive à la couleur jaune et brune, au goût frais et suave. La tradition rapporte que la couronne de Notre Seigneur fut tressée des rameaux de cet arbuste, dont les vigoureux rejetons de 7 à 8 mètres, forment au bord des chemins de la Palestine des haies impénétrables ; les épines courtes, fortes et crochues à l'extrémité des branches, mais longues et droites à la naissance des rameaux sont caractéristiques.

Les travaux des religieux, en Égypte comme ailleurs, n'ont jamais été interrompus pendant longtemps ; à peine les uns sont-ils tombés, d'autres les remplacent. C'est ainsi que le P. Sicard, à l'exemple du P. de Brèvedent qui l'a devancé sur les bords du Nil, se rend maître des peuples dont il étudie la langue, le caractère et les mœurs. Pendant vingt années d'une mission laborieuse, il envoie à la France des renseignements si importants que le duc d'Orléans, régent, et l'académie des sciences réclament du général des Jésuites l'ordre au P. Sicard de continuer ses travaux, de rechercher en particulier et de décrire les anciens monuments.

Sicard obéit, mais il ne détournera pas un seul instant

de la journée des devoirs du missionnaire ; il abrègera ses nuits pour transmettre le fruit de ses.études aux savants de la France. Il remonte le Nil, parcourt le Delta, explore les bords de la mer Rouge, le Sinaï, les cataractes ; lève les plans de Thèbes, des ruines d'Eléphantine et des villes qu'il a découvertes ; il dresse la grande carte qui a guidé depuis, d'Anville et tous les géographes.

Mais que sont les œuvres de la science près de celles de la charité ? Sicard allait achever son travail quand on lui dit que la peste sévit au Caire ; le missionnaire pose sa plume, il court aux malades, baptise les moribonds, se fait le médecin des abandonnés, et meurt avec eux en quelques heures, à l'âge de quarante-neuf ans, en 1726.

Les sciences avaient encore reçu du P. Sicard des renseignements précieux sur les propriétés du sel ammoniac, de la soude carbonatée et sur les pierres d'Egypte.

CHAPITRE XX

Découvertes au Nouveau-Monde.

« L'histoire des travaux des missionnaires est liée à l'origine de toutes les villes de l'Amérique française. Pas un cap n'a été doublé, pas une rivière n'a été découverte sans qu'un jésuite en ait montré le chemin. » (Bancroft.)

Le P. *Joseph Marquette,* missionnaire au Canada, avait, par ses vertus apostoliques, acquis un tel ascendant sur les Indiens indigènes, que l'intendant Talon ne crut pas pouvoir confier à un meilleur auxiliaire, le soin de rechercher la direction d'un grand fleuve encore inconnu, mais que l'on savait sortir des grands lacs. Le P. Marquette avec Jolyet, bourgeois de Québec, remontèrent la rivière des Outagamis, qui se jette dans le lac Michigan, jusqu'à sa source, puis descendirent l'Ouisconsing jusqu'au Mississipi.

Partis le 13 mai 1673, ils commençaient le 17 juin à naviguer pour suivre le cours majestueux du fleuve dont la largeur et surtout la profondeur étaient vantées par les sauvages. Les voyageurs, après avoir descendu le fleuve jusqu'au pays des Akansas, ne doutant plus d'ailleurs qu'il ne se jetât dans le golfe du Mexique, le remontèrent jusqu'à la rivière des Illinois, ne trouvant pas prudent de s'aventurer avec cinq hommes dans un pays inconnu. Pendant que Jolyet retournait à Québec, portant la relation du P. Marquette avec la carte du Mississipi jusqu'au lieu où les explorateurs s'étaient arrêtés, le missionnaire demeura au fond du lac Michigan chez les Miamis, qui le reçurent fort bien et au milieu desquels il mourut, en descendant de l'autel, le 18 mai 1675.

Plus tard (1678) Lassalle fut désigné pour descendre le Mississipi jusqu'à son embouchure ; le P. Hennequin, missionnaire récollet, envoyé par le Provincial, accompagna le savant dans son voyage. Avec deux autres religieux il parcourut les grands lacs du Canada, le lac Michigan, gagna la rivière des Illinois et y bâtit un fort. A cet endroit même où s'était arrêté le P. Marquette, Lassalle fut contraint de retourner près de Québec au fort Frontenac.

Rien de plus capricieux que le Saint-Laurent qui baigne Québec ; depuis sa source jusqu'à Montréal, il coule tantôt avec une telle lenteur qu'on distingue à peine la direction de ses eaux ; tantôt resserré par une ligne de rocs escarpés, il semble irrité des obstacles, bondit en cascades, roule comme un torrent, et se creuse enfin une sorte de rade sur la côte du Canada. Seuls, quelques Canadiens intrépides amassent au printemps, sur les bords du fleuve, d'immenses trains de bois équarris dans la forêt ; traînés sur la neige, liés en radeaux, ils les conduisent à l'aide de longues rames jusqu'à Québec, bondissant sur les *rapides* avec leurs légers canots d'écorce. Nul bâtiment ne peut affronter ces *rapides* ; parallèlement au fleuve, des canaux assurent la navigation. En descendant de Montréal, le Saint-Laurent suit un cours majestueux et régulier.

Le lac des *Mille-Iles*, extrêmement remarquable, s'étend sur une longueur de douze lieues et une largeur de trois environ ; dans cet espace l'œil ne contemple que des îles, les unes plates et nues, d'autres fertiles et embaumées ; celles-ci boisées et accidentées, celles-là rocailleuses et brillantes de l'éclat des gisements de malachite. Ce lac féerique aboutit à la rade de Kinston, bâtie au lieu même du fort de Frontenac.

Le P. Hennequin avait été chargé par Lassalle de poursuivre la découverte ; en effet le religieux descendit le premier le Mississipi jusqu'à la mer, et le remonta jusqu'au saut Saint-Antoine qu'il décrivit le premier. Pris par les sauvages, il demeura huit mois dans une sorte de captivité libre, fort estimé pour sa science médicale ; il fut enfin délivré par des Français du Canada.

Toutefois, par un motif de délicatesse toute chrétienne, le P. Hennequin ne publia le récit complet de son voyage qu'après la mort de Lassalle, auquel il ne voulut pas ravir la gloire d'une exploration dont il avait été privé par des circonstances imprévues.

Le Mississipi ou *père des eaux*, le plus grand fleuve de l'Amérique du Nord, est encore l'un des plus grands du monde. Il sort du petit lac Itasca et se jette dans l'Atlantique après un cours de quatre cent cinquante lieues, sans compter les sinuosités, et supposant le cours direct du Nord au Sud. Son plus grand affluent, le Missouri, descend des Montagnes Rocheuses et parcourt une longueur de pays presque égale ; les autres affluents parmi lesquels l'Arkansas, la rivière Rouge, l'Ohio, sont presque aussi importants que le Missouri. Chacun de ces grands tributaires use, ravine, creuse le sol qu'il parcourt ; les matières qu'il emporte s'accumulent au fond du lit, ou bien reléguées sur les bords forment de nombreux attérissements. Leur étendue sur le cours du Mississipi est très considérable ; ils comprennent d'abord toute la grande surface nommée le *Delta* à l'extrémité du fleuve, depuis le Chafalaya jusqu'au golfe du Mexique.

C'est surtout dans les grandes eaux qu'il faut étudier le fleuve.

Pendant l'inondation au printemps, le bas Mississipi n'est qu'une mer boueuse, qui charrie dans son cours du limon avec une quantité de bois que l'impétuosité de ses flots et celle de ses affluents ont arrachés au rivage. On retrouve au loin ces bois sur les bords du golfe du Mexique et jusque sur la plage de Vera-Cruz; ce sont eux qui, mêlés aux limons, forment le sol du Delta et prolongent tous les jours le promontoire, qui porte au large les eaux du Mississipi. De cette manière une grande partie du Delta est constamment couverte par les eaux; et pendant l'inondation il ne reste qu'une bande de terre étroite le long des cours secondaires et au bord du fleuve. On rencontre toute l'année de vastes marais stagnants. La plus grande partie de la contrée, depuis près de 650 kilomètres au-dessus de l'embouchure, n'est qu'un immense marécage insalubre et séjour des alligators. Au travers de cet espace, le Mississipi s'est créé un chenal et s'avance jusqu'au golfe; ses eaux étendent peu à peu leur empire, et finalement le fleuve entre dans la mer par plusieurs bouches dont les trois principales forment une patte d'oie. Des îles nombreuses mais instables se forment à cet endroit; leur forme, aussi bien que celle des passes et des bras du fleuve, subit chaque année des variations considérables; en effet, le Mississipi, sur une longueur de 100 à 150 kilomètres, est comme porté sur un radeau de détritus qu'il a entraînés; les coups de mer et le choc des eaux en ébranlent les parties, les font ployer, et produisent ainsi en les déplaçant, les plus curieux phénomènes dans les limites des terres et des eaux. Cependant la terre stable prend chaque année un développement considérable; les lagunes, les îles et même le promontoire au milieu du quel coule le fleuve, sont de formation relativement récente ; les calculs faits sur les attérissements pendant un siècle, donnent une moyenne de 350 mètres par an. (Abrégé du *Mag. pittoresque.*)

L'Ohio, le grand affluent, est moins profond que le Mississipi, mais il inonde aussi la plaine au printemps, emporte des lambeaux de terre et déracine les arbres ; chargées de graviers et de limon à leurs racines, ces tiges colossales restent couchées dans le lit du fleuve ; c'est ce qu'on appelle les *snags*. Si un bateau passe, il est brisé comme un brin de paille et coule aussitôt ; chaque année trente à quarante bâtiments se perdent ainsi. Le cours du l'Ohio néanmoins semble paisible, ses eaux sont calmes ; il creuse ses bords, enlève les plantes avec les troncs d'arbres sans se presser, et ses affluents accroissent son volume sans précipiter le mouvement des eaux. Près de Louisville des rochers entravent sa marche ; alors le fleuve se prend de courroux il se précipite en bouillonnant dans les *rapides*. Au delà de Louisville, l'Ohio reprend son cours paisible entre des bords fertiles et boisés jusqu'à son embouchure dans le Mississipi. Depuis la jonction de l'Ohio avec le Mississipi le fleuve devient imposant, il atteint au moins une demi-lieue de largeur, souvent il se sépare et environne des îles qui couvriraient trois fois la largeur du Rhin.

Dans les régions du haut Mississipi, sont les interminables prairies habitées par des troupeaux de buffles et les hardis trappeurs. Pendant des centaines de lieues (car le Mississipi a 2,896 milles de longueur) des forêts impénétrables couvrent les rives, et laissent entrevoir les richesses mystérieuses d'une création unique de splendeur.

L'érable à sucre, le chêne *hickory* dont le fruit est une noix agréable au goût ; le sycomore gigantesque mêle son beau feuillage aux fleurs du magnolia et du catalpa ; plus bas un roseau, la cannebrake, de 15 pieds,

se groupe en faisceaux si compactes, qu'un imprudent explorateur ne peut guère sortir de ces palissades ; enfin les lianes et les vignes grimpantes déroulent leurs pam-

Découverte de la source du Nil Bleu (page 173).

près autour de chaque tige, et se balancent gracieuses sur les troncs gigantesques qu'elles enlacent mollement.

La vallée du fleuve est la plus fertile des États-Unis ; les couches de terre végétale, formées du détritus des plantes, ont en maints endroits plus de cent pieds de profondeur et sont à leur surface humides et molles, de sorte que la culture ne demande aucun effort et les récoltes sont superbes. Le climat rigoureux de Cincinnati (sur l'Ohio) est inconnu au-dessous de Louisville ; au-delà du Tennessée apparaissent les plantations de coton, remplacées dans la Louisiane par celles des cannes à sucre qui rivalisent avec celles de Cuba.

Le grand nombre de fleuves navigables en Amérique, a été un moyen efficace d'y porter à l'intérieur la civilisation avec la foi. Nos fleuves ne sauraient nous donner une idée exacte de ces cours d'eau, *chemins qui marchent*, comme on l'a dit ; traversant des contrées immenses, recueillant au passage les rivières considérables, les fleuves du Nouveau-Monde roulent un volume d'eau presqu'incroyable.

« C'est un étrange spectacle que celui d'un fleuve des États-Unis, par exemple, roulant dans toute sa sauvage majesté, au milieu des prairies et des forêts vierges qu'entrecoupent de loin en loin des clairières ménagées par la hache du défricheur, ou des villes bâties à la limite même de la solitude, au milieu des arbres qu'il charrie et des *rapides* qui accidentent son cours ; on voit glisser les trains de bois et les barques chargées de marchandises, qui croisent les immenses *steamboats* destinés à la remonte. Ces bateaux à vapeur sont de vastes maisons, comprenant un rez-de-chaussée et un premier étage, au-dessus desquels fument deux hautes cheminées. Leur capacité varie de deux cents à six cents tonneaux et leur longueur de 35 mètres à 50. On y trouve jusqu'à deux cents lits et ils vous transportent à raison de 25 à 30 centimes par lieue. L'étage inférieur est abandonné aux mariniers qui remontent pour prendre, au haut du fleuve, les bateaux plats, et les radeaux qui transportent, aux marchés des villes, les productions des défrichements supérieurs.

C'est aux expéditions multipliées de ces bois sans valeur primitive et transportés presque sans frais, que les États-Unis doivent le bas prix de leurs constructions maritimes; mais leur durée est de beaucoup inférieure à celle de nos bois d'Europe. Quelle que soit l'attention qu'on apporte au choix des matériaux et à leur conservation, il est rare qu'un bateau de l'Ouest aille au delà de quatre à cinq ans. Ces arbres si vigoureux, si droits, près desquels les nôtres ressemblent à des nains, grandis rapidement sur l'épaisse couche de terreau, déposée aux temps diluviens par les fleuves de la grande vallée, donnent un bois dont la durée est précisément en rapport avec le temps qu'ils ont mis à pousser.

Là aussi se vérifie ce principe, si exact à l'égard de la gloire des hommes et de la splendeur des empires: que le temps ne respecte que ce qu'il a fondé. (*Lettres sur l'Amérique du Nord.*)

Pendant que le P. Marquette, établi près du lac Michigan, trouvait l'embouchure du Mississipi, un autre missionnaire, en recueillant les vagues indications des sauvages, reconnaît la baie d'Hudson.

Mais les Anglais ont fourni aux Canadiens les armes pour repousser les Français; Talon, gouverneur de la colonie, ne peut réussir à trouver des officiers assez hardis pour s'aventurer avec les troupes à travers 800 lieues d'une contrée inconnue, sans chemins praticables, coupée de cours d'eau et de précipices. Un jésuite se présente, c'est le P. Albanel, il part avec M. de Saint-Simon ; accompagnés de six sauvages, ils voyagent à pied le plus souvent, mais au bout d'une année entière de fatigues inouïes, ils reviennent à Québec, après avoir tracé et ouvert à la France le chemin de la baie d'Hudson. Deux siècles plus tard, un jésuite, le P. de Smet, que nous avons connu en 1844, pénètre le premier dans les montagnes Rocheuses et jusqu'aux sources du Mississipi et du Missouri.

On se figure que la vie simple, modérée est celle des sauvages à l'état de nature ; c'est une erreur grossière ; les bas instincts développés chez eux engendrent au contraire les vices de toutes sortes. Leur manière de vivre, au moral comme au physique, est une suite d'excès qui se succèdent suivant leurs caprices. A une longue torpeur, succède une agitation violente accompagnée d'emportements affreux. Après s'être repus de nourriture ils sont pendant plusieurs heures abrutis et sans mouvement ; dès qu'ils se réveillent, ils engloutissent de nouveaux mets avec une voracité de bêtes fauves. A ces excès succèdent de longs jours d'une diète absolue, pendant laquelle ils ne témoignent aucune faim. Insensibles aux rigueurs de l'hiver si dur vers le pôle, on les voit accroupis, pendant la belle saison, autour d'un brasier dont il semblerait difficile de supporter les ardeurs par les plus grands froids. La nourriture et le feu sont leurs seules jouissances ; ils en abusent sans savoir en user.

Cependant les femmes du pays des Natchez croyaient respirer dans les fleurs l'âme de leur enfant ; les femmes turques, en se penchant sur un sépulcre, croient que l'esprit de celui qu'elles pleurent, touché de leur souvenir, attendri par leurs larmes, se réveille de son sommeil et vient s'entretenir avec elles. Les chrétiens encore sauvages considèrent comme un symbole de la résurrection, les plantes qui croissent sur les tombeaux. Ces peuplades étaient donc mieux préparées que beaucoup d'autres, à voir la lumière qui éclaire la foi de l'homme sur ses destinées éternelles.

CHAPITRE XXI

Missions Etrangères.

Asie

Si les religieux dont nous avons parlé, ont laissé, surtout dans l'histoire, la réputation de *savants;* s'ils ont recueilli avec les fruits du zèle, les lauriers de l'étude, il n'est pas possible de taire les noms de quelques autres missionnaires, principaux pionniers de la civilisation, chez les peuples païens et sauvages; de ces intrépides propagateurs de l'Evangile, affrontant tous les dangers, tous les supplices, pour arracher des peuplades entières aux ténèbres du paganisme et de l'ignorance; se faisant les obscurs instituteurs de ceux qu'ils venaient convertir.

Dans l'église des *Missions étrangères,* à Paris, Fénelon terminait son discours du 6 janvier 1685 par ces paroles :

« Il ne sera jamais effacé de la mémoire des justes, le nom de cet enfant d'Ignace, qui de la même main dont il avait rejeté l'emploi de la confiance la plus éclatante, forma une petite société de prêtres, germe béni de cette Communauté. »

C'était une touchante allusion au P. Alexandre de Rhodes, missionnaire jésuite, qui avait refusé l'épiscopat du pape Innocent X. Après avoir, le premier, prêché la foi en Cochinchine et au Tonkin, il avait conçu le projet de former, en Orient, un clergé indigène. Chaudement appuyé par le Saint-Siège, le P. de Rhodes demandait à la France une armée pacifique de jeunes missionnaires pour conquérir à Jésus-Christ de nouveaux royaumes.

Douze apôtres formés au zèle des âmes, par le P. Bagot, quelques-uns encore aspirants, tous jeunes et ardents, s'offrirent au P. de Rhodes ; ils furent le noyau du célèbre *séminaire des Missions étrangères,* de Paris.

En effet, il ne suffisait pas aux apôtres de parcourir en explorateurs et isolément les contrées assignées à leur zèle ; désormais réunis dans un même élan de ferveur, ils vont se partager le monde. Dans l'impossibilité de suivre par tout l'univers les ouvriers infatigables de l'Evangile, nous indiquons, par ordre chronologique, *quelques-uns* des noms les plus connus.

Saint François Xavier avait passé cinq mois au Mozambique, en 1541, et laissé deux missionnaires à Socotora (détroit de Bab-el-Mandeb), au pays des Amazones, se rendant à Goa (on sait sa vie à Goa?) Il prêche dans cette langue grossière formée d'idiomes différents, parcourt la ville une clochette à la main, rassemble les enfants, fonde un collège indigène. — A la Côte de la Pêcherie, il guérit les malades en foule, fait reculer les sauvages ennemis du roi de Travancor : « Je vous défends, leur avait-il dit, de passer outre et vous ordonne, au nom du Dieu vivant, de retourner sur vos pas. » Le roi lui répond : « Je me nomme le *Grand Monarque,* désormais vous vous nommerez le *Grand Père.* »

Mais ce roi n'a pas le courage de renoncer aux passions condamnées par la religion. Sur la côte du cap Comorin, François Xavier ressuscite un mort : « Par le saint nom de Dieu, dit le saint, je te commande de te lever et de vivre, en preuve de la religion que j'annonce. »

Il prêche la foi à Méliapour, à Malacca, à Amboyne, aux Moluques (à Ternate), à l'île du More tellement barbare que les peuples anthropophages ne se laissaient pas approcher. Il sauve, près de Malacca, la flotte portugaise, attaquée par les Achémois, et s'élance vers le Japon, où il aborde le 15 août 1549.

Les missions entreprises sur la côte de la Pêcherie, dans l'île de Ceylan, à Goa, aux Iles Célèbes, au Japon, demanderaient un livre.

Le grand Mogol a témoigné le désir de connaître les docteurs de la loi divine. Quelques Pères, après avoir prêché sans succès, tombent sous le glaive ou les flèches des indigènes ; ils ne tardent pas à être remplacés : « J'ai cherché, leur dit le prince, à connaître toutes les religions de la terre et je désire étudier aussi la vôtre. » La fête de Noël, célébrée magnifiquement à Lahore, la crèche, le concours des catéchumènes, leur baptême solennel, le récit de la vie du Sauveur composé par les missionnaires, avaient ému profondément le grand Mogol. Il demanda l'image de la sainte Vierge pour la montrer à toutes ses femmes, et trois princes reçurent le baptême.

Au XVIIᵉ siècle, le P. Alexandre de Rhodes annonçait la parole de Dieu aux rois de la contrée située entre la Chine et le Tonkin. « Le langage de cette nation, écrit le missionnaire est la musique continuelle d'un même mot ou d'une même syllabe qui, prononcée diversement, a quelquefois vingt-quatre significations diverses. Quand je les entendais parler, au commencement, il me semblait entendre gazouiller de petits oiseaux et je perdais courage de jamais apprendre cette langue. »

Poursuivi par le roi de Cochinchine, le P. de Rhodes parvint à se cacher pendant une année entière au milieu de ses néophytes ; sauvé de la mort par ses amis, païens puissants à la cour du roi, il fut néanmoins obligé de quitter l'Orient. C'est alors que, venu en France pour y chercher des missionnaires, il avait rencontré le pieux Olier qui, se jetant à ses pieds, le conjura de l'enrôler dans la milice qu'il formait. Le P. de Rhodes refusa énergiquement d'entraver la mission sublime, conférée par Dieu même au saint fondateur des séminaires français ; Olier, l'humble serviteur de Marie, *Reine du clergé,* disait avec douleur : « Après avoir parlé à fond de ce projet au « P. de Rhodes, ce saint homme, ou plutôt Notre-Sei- « gneur en lui, m'en a jugé indigne. »

Après avoir préparé pour le Céleste-Empire de nouveaux ouvriers, le P. de Rhodes mourut en Perse, à l'ombre de la Croix qu'il avait plantée à Ispahan.

Les successeurs du P. de Rhodes pénétrèrent encore dans l'Indoustan, du Gange à l'Indus, de Cachemire à Golconde et à Coromandel. En Chine, la foi s'introduisit par les lettres ; aux Grandes-Indes, les pauvres parias seuls acceptèrent d'abord les consolations de l'Evangile ; mais le P. de Nobili, à force de patience, de résolution, et approuvé du pape Grégoire XV, embrasse les habitudes des Brahmes, parvient à gagner à Jésus-Christ près de cent mille Brahmes, et consacre les dernières années d'une vie si féconde, à dicter (car il était devenu aveugle) les livres propres aux missionnaires, dans les idiomes divers des tribus de l'Indoustan.

Quatorze ans après la mort du P. de Nobili, saint Jean de Britto, fils d'un vice-roi du Brésil, reprend la mission ; il entre au Malabar, y baptise trente mille idolâtres et meurt, après vingt ans d'un apostolat mêlé de consolations et d'horribles épreuves, sous les coups des Brahmes qui ouvrent le ciel à un martyr de plus.

Amérique

1549. Six missionnaires embarquent avec la flotte portugaise. Pendant qu'au fond du golfe de Bahia s'élève la ville de San-Salvador, les missionnaires apprennent la langue du Brésil, construisent une église, peuplent la nouvelle cité de sauvages néophytes, réunis en société. Le P. Nuñez prend soin des esclaves, il obtient pour eux la liberté, leur bâtit un hospice et prêche aux Européens la loi de charité. Le chant est une des passions du peuple : les religieux composent, en vers, un abrégé de la foi et des préceptes chrétiens ; ils parcourent le pays suivis d'enfants, qui chantent avec eux les vérités que la musique rend populaires.

Les Jésuites s'enfoncent dans l'intérieur, pénètrent jusqu'aux tribus cannibales, s'y établissent, leur arrachent des milliers de victimes, soignent et guérissent leurs malades, consolent les moribonds auxquels le baptême rend souvent la santé ; ils bâtissent des maisons, des écoles, des chapelles ; enfin ils prêchent, par la charité, l'admirable doctrine de Jésus-Christ, de sorte qu'en moins de dix ans, deux évêques recevaient du Pape la mission du Brésil.

Les missionnaires, après huit années seulement de séjour, avaient des maisons à Bahia, à Rio-Janeiro, à Fernambouc, avec plus de cent vingt ouvriers apostoliques en résidence, et quarante autres destinés à porter plus loin l'Evangile au moindre signe des supérieurs, au moindre appel des chefs ou des peuplades.

Le collège de San-Salvador prospère. A San-Spiritu, la peste sévit en 1565 ; les Pères soignent les malades, ils ensevelissent les morts dont leurs parents n'osaient approcher, et se préparaient à reprendre leurs courses à travers les forêts lorsqu'ils tombent atteints du fléau dont ils sont les dernières victimes.

Ignace Azévedo, nommé visiteur au Brésil, à peine arrivé depuis deux ans, se rend compte des difficultés de plus en plus insurmontables pour un petit nombre de religieux, qui ont à lutter contre les hérétiques protestants aussi bien que contre les sauvages ; il revient en Europe, demande à Lisbonne puis à Rome, de nouveaux compagnons, et s'embarque avec quarante missionnaires. Mais Dieu a d'autres desseins ; le *Saint-Jacques,* battu par la tempête, touche à Palma où il rencontre Jacques Sourie, fameux écumeur de mer hérétique, qui ne se contentant pas du rôle de pirate, tenait aussi à barrer le chemin aux apôtres de l'Evangile. Avec cinq navires, Sourie se lance à la poursuite du *Saint-Jacques;* Azévedo reconnaît aussitôt que la fuite est impossible ; du moins il en appelle à la foi des matelots ; tous jurent de se défendre jusqu'à la mort, les missionnaires rendront secours aux blessés et prieront pendant le combat ; Ignace d'Azévedo, debout contre le grand mât, tenant une image de la Sainte Vierge, anime le courage des marins. Trois fois le corsaire est repoussé. La rage des sectaires redouble devant les prodiges de valeur d'une poignée de catholiques contre une escadre.

Tout-à-coup Sourie a vu les prêtres, c'est à ceux-là qu'il en veut ; il ordonne à ses navires d'attaquer le *Saint-Jacques* de cinq côtés à la fois ; lui-même aborde avec cinquante forcenés le navire portugais. Une mêlée indescriptible couvre le pont de cadavres, le capitaine est tué et quand il ne reste plus que onze blessés, force est de rendre les armes. « Aux Jésuites, » crie-t-il avec fureur. Les missionnaires, tous occupés à soigner les blessés, à absoudre les mourants, se groupent autour d'Ignace pour recevoir le coup qui leur ouvrira le ciel. « Les anges et les hommes me sont témoins, s'écrie Azévedo, que je meurs pour la défense de la sainte Église catholique, apostolique et romaine. » C'est à grand'peine qu'il achève les derniers mots de sa profession de foi ; les hérétiques lui fendent la tête, massacrent ses compagnons avec le poignard ou le canon de leurs armes. Vingt-huit novices priaient à fond de cale par ordre d'Ignace, ils sont traînés sur le pont ; on leur promet la vie s'ils abjurent, les héroïques enfants ne daignent même pas répondre ; alors commence pour eux un long martyre dont les horribles détails font frémir ; enfin, « parés de leurs supplices comme d'autant d'ornements « glorieux, ils se présentent devant le trône du Roi éter- « nel des siècles, qui est lui-même la couronne de tous les « saints. » (Office de la Toussaint.)

Par décret du 21 septembre 1742, Benoît XIV a reconnu le martyre des quarante saints jésuites et d'Ignace d'Azévedo, leur supérieur.

La mission du Brésil, momentanément interrompue, voyait arriver, dès l'année suivante, le P. Joseph Anchiéta, lequel, dit la *Chronique,* « bien qu'il tracassât en divers quartiers du Brésil, à la façon de ceux de la Compagnie qui vont quelquefois les cent lieues avant en pays, pour amener les pauvres barbares et les chrestienner, il aimait surtout l'Itanie pour la bonne moisson d'âmes qu'il y faisait. »

Le zèle du P. Anchiéta excita celui des autres missionnaires ; bientôt pas un antre de sauvage au Brésil « qui ne fût visité et béni. »

Le missionnaire Joseph Anchiéta décrit ainsi une *habitation* au Brésil. « Notre maison est composée d'un assemblage de longues perches qui, au moyen de la terre détrempée par la pluie, forme les gros murs et les cloisons ; des faisceaux de chaume ou des herbes sèches nous tiennent lieu de toiture. La plus belle pièce, qui a quatorze pieds de longueur sur dix de largeur, nous sert de classe, de réfectoire et de dortoir. »

FLORIDE. — Cependant une autre contrée de l'Amérique Septentrionale, jusque-là rebelle au joug de Jésus-Christ, paraissait s'ouvrir à l'Evangile. Séparée du Canada et du Mexique par de hautes montagnes, cette terre fertile, dont le sol produit sans culture, avait été découverte en 1512, par les Espagnols; le Mississipi, nommé par eux *Rio de Spiritu Santo* et la contrée elle-même portait le nom de *Floride*.

Malgré le dévouement des apôtres, les indigènes, outre qu'ils craignaient la domination étrangère, n'acceptaient pas les dogmes chrétiens propres à gêner leurs passions ; les missionnaires furent contraints de se retirer après avoir arrosé de leur sang le sol de la Floride.

Pendant les traversées longues et dangereuses, les Jésuites se préparaient à la prédication par l'étude des idiomes.

A tous les coins du monde, partout où il se trouve quelques hommes réunis en société, les missionnaires cherchent d'abord à saisir leur langage ; ils étudient ces innombrables dialectes, les réduisent en principes pour arriver à élever les sauvages; des dictionnaires, des grammaires paraissent dans toutes ces langues.

Le P. Prémare compose un traité de la littérature chinoise, Robert de Nobili et bien d'autres approfondissent le talmoud ; pendant que le P. de La Croix donne aux Brahmes les règles de leur langue, un autre le dictionnaire malabare. Au Nouveau-Monde, les mêmes obstacles font naître les mêmes prodiges de travail et de science ; selon les historiens même, « il est impossible de savoir le titre et le nombre des livres élémentaires produits dans toutes les langues, par le zèle infatigable des apôtres de l'Evangile.

Les progrès furent d'abord insensibles ; mais enfin on put voir couronnées par le succès, des tentatives dont la civilisation a recueilli les fruits.

Le souvenir et l'amour de la patrie absente remplissaient le cœur des zélés missionnaires ; les peuples européens oublient trop vite ce que la civilisation, les sciences, les arts et la richesse nationale doivent aux religieux explorateurs.

Les uns devinaient les qualités fébrifuges du quinquina, ils le faisaient passer en Europe d'où il se répandait dans tout le monde.

Dans les forêts de la Guyane et de l'Amérique, ils découvraient et livraient au commerce la gomme élastique, la vanille, le baume de copahu. Le P. Lafitau transplantait, du Canada en France, le ginseng, dont le P. Jartoux analysait en Chine les propriétés. L'un rapportait du Céleste-Empire le coq et la poule d'Inde ; un autre, le marronnier.

La première personne d'Europe guérie de la fièvre par le quinquina, fut la comtesse de Chinchon, vice-reine du Pérou. Les Jésuites connaissaient déjà cette poudre des hérès ; ils en firent passer à leurs frères d'Espagne. Le Père, depuis cardinal Jean de Lugo, la porta à Rome ; le P. Annat, en France, où elle sauva la vie à Louis XIV, au moment où d'autres jésuites l'introduisaient en Chine pour délivrer l'empereur Kang-Hi d'une fièvre pernicieuse.

Le quinquina a été longtemps connu en Espagne sous le nom de *poudre de la Comtesse ;* à Rome, sous celui de *poudre du cardinal de Lugo ;* en France et en Angleterre, on l'appelait *poudre des Jésuites.*

UNE COQUILLE D'ŒUF, ET UN HOMME QUI RÉFLÉCHIT.

Au Nouveau-Monde, les missionnaires s'étaient comme partagé les Etats, ou agglomérations des peuplades indiennes. Le P. Gusmao est au Brésil; il consacre toute sa vie à l'évangélisation; mais il étudie partout la nature, il observe les moindres indices qui peuvent reculer les limites de la science. Un jour il lève les yeux pendant sa prière; tout à coup son regard est attiré par un corps léger, sphérique et concave qui s'élève dans les airs. Est-ce une coquille d'œuf, une écorce desséchée? Ce phénomène frappe son attention toujours en éveil, il en cherche l'explication, il veut tenter l'expérience; il la renouvelle, et après mille combinaisons il fabrique le *premier aérostat;* c'était un ballon de toile, vide d'air, qui réalisa sa pensée. Revenu à Lisbonne, le P. Gusmao explique sa découverte et propose de s'élever dans les airs avec son aérostat. On le prit pour un démoniaque, au moins pour un fou; cité au tribunal de l'Inquisition il soutint sa thèse proposa même « d'enlever ses juges avec lui. »

En 1670, plus d'un siècle avant Montgolfier, le P. Lana, également jésuite et très savant, construisit un appareil composé de quatre ballons surmontant une nacelle; de plus, il eut l'idée de munir son aérostat d'une voile pour le diriger dans les airs. Cette tentative ne réussit pas alors, car la voile devait nécessairement suivre la direction du vent; mais on y trouve la première pensée du *ballon dirigeable.*

Lorsqu'au siècle dernier, les frères Montgolfier résolurent le problème de la navigation aérienne, toute l'Europe s'en émut. Manufacturiers d'Annonay, les frères Montgolfier construisirent une enveloppe de toile à peu près sphérique doublée en papier et pouvant contenir 22,000 pieds cubes d'air. Une large ouverture ménagée à la base, permit d'introduire au moyen d'un feu de paille, l'air échauffé beaucoup plus léger que l'air extérieur. On sait que l'une des propriétés de la chaleur est de dilater les corps qu'elle pénètre, et de leur faire occuper un volume plus considérable.

L'expérience répétée plusieurs fois en divers lieux réussit partout; l'air était assez léger pour que son poids, joint à celui de l'enveloppe, fût moins considérable qu'un volume égal d'air extérieur, et le ballon s'éleva majestueux aux cris enthousiastes des spectateurs.

En 1783, deux intrépides montaient la nacelle d'un aérostat retenu captif qui atteignit 300 pieds de hauteur; le succès encouragea les deux amis; le 21 novembre de la même année, Pilatre des Rosiers et le marquis d'Arlande, montés au château de la Muette dans la nacelle d'un ballon libre, s'élevèrent à 500 toises, et, après avoir traversé Paris descendirent à plus de deux lieues du point de départ.

Le premier perfectionnement à chercher était de supprimer le combustible, dont l'emploi présentait nécessairement un grand danger. Le physicien Charles trouva moyen d'introduire dans une enveloppe légère, le gaz hydrogène, quinze fois plus léger que l'air. Cette heureuse découverte permettait de réduire les dimensions de l'aérostat. Les Montgolfières exigeaient un volume énorme, puisque l'air qui les remplissait équivaut au moins aux 2/3 de l'air extérieur.

Plusieurs voyages aériens sont demeurés célèbres; la traversée de la Manche, de Douvres à Calais, le 7 janvier 1785, est un des plus connus. En 1786, Testu s'éleva de Paris et descendit près de Montmorency, dans un champ qu'il laboura de son ballon; aussitôt, les paysans suivis

Le P. Gusmao observe une coquille d'œuf.

du propriétaire, s'étant jetés sur les cordes pour forcer Testu à payer le dégât, il coupa les cordes, jeta son lest et s'éleva de nouveau à la stupéfaction des paysans.

Le ballon employé pour reconnaître les mouvements de l'ennemi, contribua puissamment à la victoire de Fleurus (1794).

Le célèbre voyage scientifique entrepris par Gay-Lussac, le 15 septembre 1804, lui permit de faire des observations curieuses à la plus grande hauteur qu'un homme puisse atteindre, 7,000 mètres.

AMÉRIQUE DU SUD

En 1740, le P. Manuel Ramon, entreprend de remonter l'Orénoque, il sait que les fleuves sont les grandes artères par lesquelles la civilisation peut atteindre les contrées inconnues; et pour le travail de l'apostolat plus encore que pour le commerce, il affronte dangers et fatigues et parvient à trouver le point de jonction entre l'Orénoque et le Maragnon.

Le P. Fritz remonte pendant 800 lieues les cours d'eau et parvient à 'a source du grand fleuve des Amazones. D'autres s'enfoncent dans les déserts de la Guyane.

Les indigènes habitant les côtes sont surtout les *Galibis*. Ces Indiens sont encore nomades, dit M. Gaffarel, et l'occupation française n'a rien changé à leur manière de vivre ; se jugent-ils lésés dans leur liberté, ils embarquent femmes, enfants, bagages, dans une pirogue et vont s'établir ailleurs. Il est vrai que leurs frais d'installation sont médiocres, la plupart d'entre eux ayant pour demeures *des ajoupas,* toits de feuilles soutenus par des piquets fourchus, ou *des carbets,* cabanes supportées par des piquets de 4 mètres de haut. On y monte par des poteaux entaillés en forme d'échelle. Elevés ainsi en l'air, ils sont logés plus sainement dans ce climat humide et fiévreux, et ne craignent ni les insectes dangereux, ni les bêtes féroces. Leur mobilier consiste en quelques hamacs, des instruments aratoires, des bancs de bois et des pots vernissés. Nos missionnaires ont réussi à en faire des êtres doux et sociables, mais ils n'ont ni intelligence ni énergie.

Quant aux *Nègres marrons,* ce sont les descendants d'esclaves évadés de la Guyane hollandaise : ils mènent dans les bois du Maroni la vie que leurs ancêtres menaient jadis dans les forêts équatoriales, et sont absolument différents des anciens esclaves nègres, aujourd'hui travailleurs libres.

En naviguant sur l'Orénoque les missionnaires remarquent un phénomène que M. de Humboldt nomme « l'un des plus extraordinaires et des plus rares, » il s'agit de la communication naturelle de deux bassins, dont les pentes suivent des directions opposées. Entre les deux plus grands cours d'eau du monde cette communication existe ; en effet, l'Orénoque qui coule vers le golfe du Mexique est relié à l'Amazone, affluent de l'Atlantique, par le Cassiquiare et le rio Negro, traversant la chaîne de montagnes qui devrait naturellement former le partage des eaux. C'est ainsi que sur tous les points de ses investigations, le savant est forcé de reconnaître la puissance souverainement indépendante du Créateur, qui déroge, quand bon lui semble, aux lois générales que lui-même a établies ; l'homme doit alors se borner à constater les faits, en adorant celui devant lequel toute la nature se tait et obéit.

PÉROU. — MEXIQUE

Les missionnaires arrivent au Pérou; ils ouvrent un collège pour les Espagnols, un second pour les jeunes Indiens. Pendant que l'Archevêque de Quito leur confiait la direction du Séminaire, ils avançaient dans l'intérieur des terres, évangélisaient les nègres et n'épargnaient rien pour inspirer aux tribus l'amour du travail. Le Chili, le Tucuman, le Paraguay ont reçu la bonne nouvelle. Le bruit de leurs succès parvient au Mexique.

Ils sont demandés à Vera-Cruz, à Puebla. Trois collèges se fondent au Mexique, et bientôt les meilleurs élèves forment un clergé indigène qui administre les paroisses; des *réductions* s'établissent partout, la contrée était à moitié chrétienne dès 1608. La peste fait admirer le dévouement des Frères de Saint-Jean-de-Dieu, elle cesse à la suite d'un vœu à Notre-Dame; et l'*ex-voto* déposé à Lorette, consistera en un portrait de la sainte Vierge fait avec les plumes des plus brillants oiseaux du pays.

LES ANTILLES

Le 29 janvier 1694, le P. Labat, dominicain, s'embarquait pour la Martinique avec plusieurs religieux de son Ordre. Ses vertus apostoliques ne laissaient pas de repos à son zèle, mais ses talents en mathématiques et son excellent jugement le firent souvent employer par les gouverneurs. Chargé à diverses reprises de missions importantes, il visita toutes les Antilles et servit d'ingénieur à la Guadeloupe pour de grands travaux.

Lorsque les Anglais vinrent attaquer l'île en 1705, le

Réductions.
Types d'Indiens du Napo.

P. Labat se montra aussi brave, aussi habile capitaine que religieux dévoué, et tout en sauvant les âmes de nos marins, il pointa lui-même plusieurs pièces contre les ennemis. Les relations de ses voyages contiennent une foule de détails que l'on chercherait vainement ailleurs. Tous ceux qui ont visité les contrées qu'il décrit, conviennent qu'il est impossible de donner des descriptions plus authentiques. Il explique les procédés employés pour la fabrication du sucre et de l'indigo, pour la récolte et la préparation du coton, du cacao et du tabac, mais il ne néglige aucun des devoirs du missionnaire : il ramène à la religion ceux qui s'en écartent ou la négligent même. Dans une de ses courses à bord d'un bâtiment flibustier, il se montre aussi prudent que courageux et charitable.

Le P. Cabasson, confrère du P. Labat, demeurait dans l'île Saint-Christophe ; pendant que le P. Labat était en voyage dans les forêts..., il recueillait les blessés, les soignait et s'en faisait tendrement aimer.

Dans une grande chasse aux singes, une pauvre guenon, portant son petit sur son dos, avait été tuée. Ce petit singe, recueilli par le P. Cabasson, était devenu, selon les expressions du missionnaire, « le plus joli animal qu'on pût souhaiter. »

Ce petit singe n'avait qu'un défaut : il ne pouvait souffrir qu'on l'éloignât un seul moment de son maître ; celui-ci, en raison de son attachement, ne pouvait se décider à le mettre à la chaîne, et ne songeait à l'enfermer qu'en se rendant à l'église. Or voici ce que raconte un témoin oculaire (1) :

« Il s'échappa une fois, et s'étant allé cacher au-dessus de la chaire du prédicateur, il ne se montra que quand

______

(1) *Voyages du R. P. Labat.*

son maître commença à prêcher; pour lors, il s'assit sur le bord, et regardant les gestes du prédicateur, il les imitait aussitôt avec des grimaces et des gestes qui faisaient rire tout le monde. Le P. Cabasson reprit d'abord ses auditeurs avec bonté ; mais voyant que les éclats de rire augmentaient au lieu de diminuer, il entra dans une sainte colère, et commença à leur reprocher d'une manière très vive, le peu de respect qu'ils avaient pour la parole de Dieu et le lieu saint. Ses mouvements, plus violents qu'à l'ordinaire, firent augmenter les grimaces et les postures du singe avec le rire de l'assemblée. A la fin, quelqu'un avertit le prédicateur de regarder au-dessus de sa tête. Il n'eut pas plus tôt aperçu le manège du singe, qu'il ne put s'empêcher de rire avec les autres ; et comme il n'y avait pas moyen de prendre cet animal, il aima mieux abandonner le reste de son discours, n'étant plus lui-même en état de continuer, ni les auditeurs de l'écouter. »

C'est aux Antilles, particulièrement à Tabago et à la Jamaïque que le lazariste *M. Poivre* trouva moyen de recueillir et d'exporter les épices, en particulier celle qui porte son nom; ainsi il n'est pas jusqu'à l'assaisonnement de nos mets, que nous ne devions à l'Eglise.

CHAPITRE XXII

Les bornes étroites de cet ouvrage ne nous ont pas permis d'étudier le rôle de l'Eglise dans le progrès des *arts libéraux*. Cet intéressant sujet demanderait un volume à part ; mais nous voulons dire quelques mots de la *Musique*, compagne ordinaire des jeunes lecteurs pour lesquels nous écrivons.

Musique.

Une gracieuse légende peut donner une idée de l'enthousiasme que produisirent, au vi^e siècle, dans la Gaule, la Germanie et l'Angleterre, les compositions musicales de saint Grégoire le Grand. Ce grand Pape était un savant... il nota lui-même tous les chants, et après avoir établi à Rome une école de musique, il allait souvent y présider les leçons ; il envoya les meilleurs élèves de cette école dans la Gaule d'abord, puis en Angleterre, dès que cette grande île eut embrassé la foi.

En considérant l'attrait exercé par la musique sur tous les hommes, le grand Pape rêvait au moyen de consacrer la musique à l'honneur de Dieu, se souvenant de David, le chantre inspiré des psaumes, dont il accompagnait la mélodie des sons de la harpe et de la cithare. Ici la légende prête son charme poétique à l'histoire, et ajoute : « Une nuit, Grégoire eut une vision : l'Eglise lui apparut sous la forme d'une muse magnifiquement parée, qui écrivait ses mélodies, et rassemblait à ce son tous les

peuples sous les plis de son manteau. Or, sur ce manteau
était écrit tout l'art musical, avec toutes les formes des

tons, des notes et des nuances, des mètres et des sympho-
nies diverses. Grégoire pria Dieu de lui donner la
faculté de se rappeler tout ce qu'il voyait; et à son réveil,
apparut une colombe qui lui dicta les compositions musicales dont il a enrichi l'Eglise (1). »

(1) MONTALEMBERT.

Saint Félix de Nantes fait creuser le port au chant des cantiques
(page 104).

Mais, jusqu'au x⁰ siècle, l'on n'avait pas d'autre moyen d'enseigner ou d'apprendre la musique que la mémoire, gardienne de la tradition.

En l'an 990, naissait un enfant destiné à de grandes choses ; il entrait, dès l'âge de huit ans, au monastère de Pompose, près de Ravenne, se nommait Guido et devait être célèbre sous le nom de *Gui d'Arezzo*, d'où il était originaire. — Plus studieux, mieux doué que la plupart des jeunes clercs, il fut chargé de leur enseigner la musique et en particulier le chant ecclésiastique. La tâche était alors pénible, l'étude fort difficile, car les intonations n'étaient désignées que par les sept premières lettres de l'alphabet. L'enfant cherchait avec ardeur une méthode précise, invariable et aisée pour donner à chacun des degrés du son une désignation propre, qui les fît reconnaître l'un de l'autre. Il pria longtemps : un jour qu'il chantait au chœur avec ses Frères les vêpres de saint Jean-Baptiste, il fut attiré comme invinciblement à remarquer la disposition des six premiers vers, dont chaque première syllabe est placée tour à tour sur chacun des six premiers degrés successifs de la *gamme*.

> **Ut** *queant laxis*
> **Re**s*onare fibris*
> **Mi**r*a gestorum*
> **Fa**m*uli tuorum*
> **Sol**v*e polluti*
> **La**b*ii reatum*
> *Sancte Joannes !*

Evidemment assisté de Dieu dont il avait si souvent imploré le secours, Gui d'Arezzo comprit quel puissant moyen de succès venait de lui être révélé ; il s'appliqua à démontrer à ses élèves la progression diatonique des sons, et donna à chacun d'eux le nom de la syllabe sur laquelle ils étaient placés.

La strophe, chantée avec méthode, se gravait si naturellement avec la *gamme* dans l'esprit, qu'il réussit à enseigner aux enfants, en quelques mois, ce que les hommes les plus attentifs apprenaient à peine en plusieurs années.

Le succès fait partout naître des envieux; Gui d'Arezzo est contraint de quitter un moment l'abbaye. L'humble religieux ne voit dans cette mesquine persécution, que les desseins de la Providence; il explique à son coopérateur, frère Michel, que Dieu permet l'envie « de peur que, si quelque chose se fait comme nous le voulons, notre esprit se confiant en lui-même, ne vienne à se perdre. Car alors, écrit-il, ce que nous faisons est vraiment bien, quand nous rapportons tout ce que nous pouvons, à Celui qui nous a faits nous-mêmes. »

Et plus loin : « Le Seigneur m'en inspirant la charité, j'ai communiqué non seulement à vous, mais à tous ceux que j'ai pu, avec une souveraine dévotion et sollicitude, la grâce que Dieu m'a donnée; afin que si moi et tous ceux qui m'ont précédé avons appris le chant avec une difficulté extrême, ceux qui viendront après nous l'apprennent avec une extrême facilité... » Il espère que dans les siècles futurs, les musiciens prieront pour lui. « Car, dit-il avec une touchante simplicité, si ceux qui jusqu'à cette heure ont pu à peine, en dix années, acquérir une science imparfaite, ont droit à la reconnaissance et à la prière des fidèles... que pensez-vous qu'on fera pour nous, qui, dans l'espace d'une année ou de deux au plus, formons un chantre parfait? Que si la misère accoutumée des hommes était ingrate à de si grands bienfaits, le juste Seigneur ne récompensera-t-il pas notre travail?... Étant donc sûrs de la récompense, insistons en cette œuvre d'une si grande utilité; et puisque la sérénité est revenue après bien des tempêtes, il faut naviguer heureusement. »

La première messe chantée en Allemagne, d'après la méthode de Guy, fut exécutée à Bamberg, lors de la consécration de la cathédrale par le pape Benoît VIII. Tout le monde fut émerveillé de la facilité avec laquelle on put dès lors apprendre la musique, qui avait autrefois exigé tant d'années d'exercice.

Depuis neuf cents ans, grâce à cette précieuse découverte, l'univers entier peut chanter, dans toutes les langues et sur tous les rhythmes, les louanges de Dieu. Comme on a pu le remarquer, la gamme trouvée par le pieux bénédictin n'avait que six notes ; la septième fut ajoutée plus tard pour compléter l'échelle des intonations musicales.

« De nos jours, dit l'abbé Rohrbacher dans son *Histoire de l'Eglise* (t. XIII, p. 440), on a remarqué un rapport surprenant et mystérieux entre les sept intonations principales du son, les sept couleurs principales de la lumière et les sept figures principales de la géométrie.

« Par exemple, une barre de fer chauffée graduellement, présente graduellement les sept couleurs principales dans lesquelles se divise le rayon lumineux ; si, dans cette incandescence graduelle on frappe la barre de fer, elle rend graduellement les sept notes de la gamme musicale ; si on place à côté, sur une feuille de fer blanc ou sur le couvercle d'un clavecin, une poudre fine et légère, les vibrations graduelles des sept notes principales formeront graduellement, avec la poussière, les sept figures principales de la géométrie, le cercle, l'ellipse, le cône et les autres. Ce mystère de la nature paraît s'étendre loin. »

Expliquez donc, savants incrédules, ces admirables et secrets rapports !

Peut-être l'étude de ces phénomènes a-t-elle donné l'idée du *clavecin oculaire*.

Le P. Castel, auteur de cet instrument, supposait que les sept couleurs du prisme correspondaient exactement aux sept tons de la musique, par exemple :

Ut avait pour équivalent le *bleu*.
Ré — — le *vert*.
Mi — — le *jaune*.
Fa — — l'*orange*.
Sol — — le *rouge*.
La — — le *violet*.
Si — — l'*indigo*.

Les couleurs devenaient, selon lui, de plus en plus pâles et légères, à chacune des octaves plus élevées.

L'abbé Poncet inventait *l'orgue des saveurs*.

Deux soufflets formaient un courant d'air continu, enfermé dans un buffet et dirigé dans une série de tuyaux acoustiques, vis-à-vis desquels il avait disposé sept fioles munies de liqueurs à saveur délicieuse, représentant les sept saveurs primitives :

L'*acide* répondait à l'Ut.
Le *fade* — au Ré.
Le *doux* — au Mi.
L'*amer* — au Fa.
L'*aigre-doux* — au Sol.
L'*austère* — au La.
Le *piquant* — au Si.

Le pieux moine Gui d'Arezzo, non seulement donna leur nom aux notes, mais il définit et appliqua les modes *majeurs* et *mineurs*, trouvant le moyen de les écrire par la portée ou le *pentagramme;* c'est-à-dire en traçant cinq lignes parallèles sur le papier, et en plaçant sur ces lignes, et entre les espaces ou interlignes, de petits carrés ou de petits ronds représentant les sons. La méthode *inventée* par Gui d'Arezzo, fit disparaître les innombrables difficultés qui existaient auparavant pour enseigner ou apprendre la musique. Le bon moine fixa donc, par l'écriture, les sons de la musique, que l'on enseignait jusque-là comme par tradition et de souvenir. Il s'exprime à ce sujet de cette manière simple et fine en même temps :

« Les petits enfants, une fois qu'ils ont appris à lire, sont en mesure de lire dans n'importe quel livre... mais les malheureux élèves musiciens, pas même après cent ans, ne sauraient entonner la moindre petite antienne sans l'avoir apprise de leur maître, lequel, à son tour, la chante de mémoire et sans savoir ce qu'il fait. Or, celui qui ne sait ce qu'il fait, on le nomme : *brute.* »

Sans la merveilleuse inspiration du moine, nous en serions peut-être encore à ne connaître de la musique que ce que la mémoire en aurait pu retenir !

Un beau monument a été élevé, il y a peu de temps, sur une des places de la ville d'Arezzo (Toscane) au pauvre bénédictin.

Un mot sur la Musique en général

« La musique est un art immatériel, spirituel, religieux, je dirai presque divin... il touche plus qu'on ne pense à l'ordre moral, ainsi qu'aux mœurs d'une nation,... voilà pourquoi il préoccupe si maternellement la sainte Église. »

Par sa *nature* même, la musique est un langage inarticulé qui sert à exprimer des idées ou des sentiments que le langage est impuissant à traduire... Sans se rendre compte de cette impuissance, que l'écrivain et l'homme de science ou de génie constatent si souvent, l'ignorant.

l'enfant même ne trouvent dans les émotions les plus profondes, joyeuses ou tristes, qu'un son plaintif ou triomphant, qu'un gémissement ou un cri d'allégresse. Tous les peuples ont dans leur grammaire, tous les sauvages dans leur langue, l'*exclamation*, cri de joie ou de douleur, de surprise ou d'angoisse !

« Ainsi, par delà le langage parlé, il y a un langage chanté, une suite de sons qui s'appellent, et qui par leur agencement combiné... rendent les choses mystérieuses de l'âme. »

Ce n'est pas en vain que l'on dit l'*harmonie* de la nature, le *concert* 'des cieux et des astres qui chantent la gloire de Dieu.

L'oiseau qui chante sous la verdure, la cigale qui agite ses ailes métalliques, la feuille qui bruit, le zéphir qui passe et fait trembler la rose, la prairie qui ondule en des flots de fleurs et d'herbages ; la tempête dans la forêt, comme l'ouragan de la mer ; le jour avec son éclat, comme la nuit avec son obscurité ; le désert avec son immobile silence, comme le mouvement régulier des astres au firmament : toute la création en un mot, « *chante* le Créateur et chaque jour transmet au jour suivant le mot d'ordre divin. » — On dit la *lyre* du poëte et l'*harmonie* des couleurs ; car il est certain qu'*au delà* de ce que peut exprimer le peintre le plus habile, son âme entrevoit des horizons qu'il ne peut esquisser...

La musique doit porter à Dieu l'*adoration,* la *reconnaissance,* le *repentir,* la *prière ;* elle les traduit, comme Moïse et David, en cantiques et en psaumes ; comme Isaïe et Jérémie, en promesses et en lamentations ; avec les Anges, elle chante à la crèche, le *Gloria ;* devant le trône de Dieu, le *Sanctus* et l'*Alleluia !* Aux pieds du Juge suprême, le *De profundis !...*

La prière liturgique, toujours identifiée avec la croyance

même de l'Église, revêt partout la *forme* des arts. Dans le *Culte catholique*, il n'y a pas une cérémonie qui n'appelle la musique.

« L'âme catholique est musicienne, » dit un vieil auteur. « Cette église à l'aspect sombre, avec son architecture grandiose, sa brillante ornementation, son symbolisme tout rempli d'enseignements, a ses assemblées et ses fêtes. Ces jours-là, sont les jours de Dieu et de la mélodie.

« Dès la veille, les cloches les annoncent avec une joyeuse allégresse... la matinée est consacrée à d'agréables préparatifs... A l'heure habituelle, la cloche renouvelle ses exhortations (1). Les chemins se couvrent d'une multitude parée de ses plus beaux habits, s'avançant vers l'église ;... une joie fraternelle anime ceux qui se rencontrent ; le serviteur est proche de son maître, le pauvre du riche ; tous se sentent enfants d'un même père. On entre ; l'orgue vous salue de ses pieuses harmonies ; des voix connues et souvent aimées, se mêlent aux sons du grave instrument. » (Darras.)

L'encens, les lumières, les candélabres, les fleurs, l'éclat des broderies, toutes les magnificences des arts et le symbolisme touchant des cérémonies, ne sont que le *Culte extérieur*, splendide mais très pâle reflet de l'adoration et du *Culte intérieur* que l'âme chrétienne rend à son Dieu, « le Dieu du ciel et de la terre. »

L'Église seule a pu imprimer à la musique, art charmant, le plus puissant de tous, mais dont l'empire in-

---

(1) *Cloches.* — On sait que l'usage des cloches était connu en Occident dès le ve siècle, elles furent inventées par saint Paulin, évêque de Nole en Campanie, et nommées pour cette raison *Nola* ou *Campana*. Dans le commencement du xie siècle, Boniface IV en prescrivit l'usage pour appeler les fidèles aux offices. « C'était une heureuse idée de trouver le moyen, par un seul coup de marteau, de faire naître à la même minute un même sentiment dans tous les cœurs, et de forcer les vents et les nuages à se charger de transmettre les pensées des hommes. (*Rome chrétienne*, DE LA GOURNERIE.)

Guy d'Arezzo inspiré de Dieu.

15

contestable est le plus éphémère, un caractère durable et sacré. La raison en est simple : la musique, c'est-à-dire surtout le chant qui en est la plus haute expression, s'identifiait pour la religion avec le culte extérieur dû à Dieu ; et la réunion sept fois le jour pour la louange divine, imposait l'étude de la musique sacrée.

L'un des plus célèbres moines musiciens, Tutilo, enseignait au monastère aux jeunes nobles de France, avec les langues anciennes, l'art de jouer des instruments à cordes et à vent ; il était peintre, ciseleur ; dans les études des astres, il entrevoyait les rayons de la beauté divine dont il appelait avec larmes la contemplation éternelle. Dans son ardeur pour l'harmonieuse exécution des cantiques divins, l'abbé de Yarrow écrivait à saint Lulle de Mayence : « Je voudrais bien avoir un harpiste, envoyez-le moi je vous en prie et ne riez pas de ma demande : j'ai bien l'instrument, mais je n'ai pas l'artiste (1). »

La religion fait à la musique ses conditions de vraie grandeur. « La musique doit rendre les sentiments de l'âme ; si elle reste dans le profane, elle n'a *nécessairement* que des bornes étroites, elle ne redit que les impressions fugitives comme le temps, frivoles ou coupables comme les passions. »

Pour le compositeur religieux, son horizon est vaste comme le ciel, ses élans l'élèvent jusqu'à Dieu ; il peut donner libre cours à son enthousiasme, car il chante l'éternité, ou les mystères ineffables de l'amour de Dieu pour les hommes ; libre cours à ses larmes, car il pleure le péché ; à son imagination, car elle n'égalera jamais les réalités célestes. Au lieu de flatter les sens et d'a-

____

(1) MONTALEMBERT : *Moines d'Occident*, t. VI.

mollir les âmes, la musique religieuse doit s'élever à la dignité d'un *apostolat*.

Artistes et fidèles doivent être des harpes vivantes, ou mieux les cordes d'une même lyre, pour moduler sur tous les tons et dans une même harmonie la louange de Dieu. « En sorte qu'un compositeur catholique, quand il écrit une partition pour nos cérémonies, peut se dire que son œuvre, si elle est digne de son objet, aura des échos aussi prolongés que les siècles... Dieu est la réalité infinie du *beau* incréé, il est la source et la fin du *beau* créé ; Jésus-Christ est l'essence et l'objet de l'un et de l'autre... La vraie musique religieuse, fruit de l'inspiration divine, exprime par le langage inarticulé des sons, toutes les vertueuses beautés de la nature idéalisée ; toutes les merveilles de l'âme régénérée ; toutes les grandeurs de Dieu, manifestées par sa miséricorde ou sa justice.... Il y a donc une musique qui appartient à l'œuvre de la Rédemption et au ministère de l'Eglise, comme partie intégrante du culte, comme expression mélodique du dogme et de la morale. » (*Hist. de l'Eglise*, abbé DARRAS, t. XXXIV, 650.)

Voilà pourquoi les peuples sauvages, les peuples idolâtres ou païens, n'ont que des chants insignifiants ou dégradés.

La musique profane, écrite par des auteurs sans foi, flatte les passions mauvaises.

La musique au contraire devrait n'éveiller que les aspirations de l'âme.

C'est dégrader l'art divin des harmonies de la nature, que de le restreindre ou de l'abaisser à traduire les écarts de l'imagination, les excès ou les vices de l'humanité.

En haut les cœurs ! Sursum corda ! Dans la musique comme dans les autres arts, la grandeur, l'immortalité même des artistes, dépend du *niveau de leur âme* ; « on ne produira jamais rien de grand avec un esprit rabaissé vers la terre. »

La grande question de la musique religieuse devait être l'objet des délibérations du concile de Trente. Le pape Marcel II (1555) songeait à la bannir entièrement de l'office divin à cause de ses écarts. Mais la Providence avait préparé, dans Rome même, un homme de génie dont les inspirations étaient à la hauteur de sa mission.

Louis Palestrina, alors chantre de la chapelle papale, demanda et obtint la permission de faire exécuter une messe de sa composition. La simplicité, la gravité, l'onction, les richesses divines de l'harmonie qui caractérisent cette œuvre, lui ont valu le nom de *Messe du pape Marcel*; et à son auteur, le titre glorieux de *Prince de la musique religieuse*.

Entre beaucoup de noms, celui d'Allegri semble mériter de servir d'exemple aux compositeurs chrétiens.

Élève de Nanini, contemporain et ami de Palestrina, Gregorio Allegri (1580) avait eu pour parent le grand peintre Allegri, plus connu sous le nom de *Le Corrège*. Également bon compositeur et chantre incomparable, il fut remarqué du pape Urbain VIII, qui se hâta d'attacher à la chapelle pontificale le continuateur de l'École de Palestrina. Pendant les vingt années qu'Allegri passa à la chapelle Sixtine, comme chanteur du Vatican, il écrivit les compositions qui ont rendu son nom immortel ; entre les autres son *Miserere*, ce fameux *Miserere* que depuis deux siècles on chante tous les ans pendant la semaine-sainte à la Sixtine, et qui fait l'admiration de l'univers. « A la fin des *Ténèbres* le morceau d'Allegri est chanté en présence du Sacré-Collège, en face du *Jugement dernier* de Michel Ange, qu'éclaire à demi la lueur des cierges. Aussitôt que commence le chœur du Repentir, le Pape et les Cardinaux se prosternent ; on éteint successivement les cierges à chaque nouveau verset, et cette obscurité croissante, rend plus imposante encore l'expression terrible des figures peintes par Michel-Ange. Enfin sur le point de terminer, les chanteurs ralentissent insensiblement le mouvement à chaque *Miserere (ayez pitié!)*; et diminuent le volume de leur voix, jusqu'à ce que cette admirable harmonie s'éteigne, et se perde dans le silence recueilli des fidèles agenouillés. »

Le style d'Allegri dans cette sublime composition, est d'une simplicité qui sied au repentir d'une âme brisée de douleur; une tristesse religieuse et profonde exprime le désir véhément du coupable, demandant à Dieu d'être « lavé de plus en plus de ses iniquités »; une expression de religieuse reconnaissance, interprète le vœu du pénitent véritable lorsqu'il s'écrie : « Si vous aviez voulu des sacrifices, je vous en aurais offert... le sacrifice qui vous agrée est un cœur brisé de douleur; car vous ne méprisez pas un cœur contrit et humilié. »

Enfin, c'est bien là le caractère de la musique, adorant, remerciant, se repentant et suppliant pour attirer les effusions de la divine Miséricorde.

« Le signe le plus certain de la miséricorde de Dieu, dit le grand docteur saint Hilaire, c'est l'ardeur de tout un peuple qui se délecte dans le chant des hymnes. » Aussi est-ce le vœu de l'Église, et la tradition des pays les plus religieux, que dans les assemblées des fidèles, *tous* puissent prendre part aux chants sacrés et confondre leurs voix pour louer Dieu. Oui, les chœurs sont les échos de la voix du peuple de Dieu, peuple de frères dont les âmes comme les lèvres soupirent après la patrie céleste, et ne se consolent de l'exil que dans la louange de Dieu, *notre Père.*

Nous avons parlé d'*apostolat par la musique !* Le grand, le véritable apostolat, c'est évidemment celui de la grande musique religieuse telle que les maîtres l'ont interprétée ; mais n'est-il pas vrai qu'il y a tout un monde de pieux souvenirs, de douces émotions, de pures jouissances, dans ces modestes airs des cantiques populaires que l'on a chantés dans son heureuse enfance ? A quel cœur le gai refrain *Venez, divin Messie*, ne manquerait-il pas à la veille de Noël ? Près de la Crèche on se prend à méditer au souvenir de cette simple strophe :

> Il a pour palais une étable,
> Pour courtisans deux animaux.
>
> . . . .
> Et c'est cet état lamentable
> Qu'il *choisit* aujourd'hui
> Tandis que toute la terre est à Lui !

Le jour de la première communion semble renaître avec son incomparable splendeur, lorsqu'entrant dans la plus humble église de village, on entend les voix enfantines répéter :

> Qu'ils sont aimés, grand Dieu, tes tabernacles !

ou bien appeler l'aurore de ce jour béni :

> Trop longue nuit, hâte ton cours.
> ... Pour être heureux, je n'attends que l'aurore
>
> ... Quoi ! dès demain vous viendrez dans mon âme,
> La posséder pour la première fois. »

Modestes mélodies, que vous faites de bien cependant ! Que de larmes vous avez séchées, que de cœurs vous avez ramenés !

Pour un autre genre d'*apostolat* encore, la musique est le sujet des réunions de famille. Le jour est donné au travail, aux affaires ; il est souvent plein de déceptions, d'amertume, de fatigues. Mais au foyer domestique grandit une pieuse enfant; après les soins du ménage, avec l'instruction de son âge, elle cultive la musique. Oh ! ne croyez pas qu'elle s'arrête à mendier les succès de salon : son cœur est plus noble, son ambition plus haute. Oui, elle s'astreint à de longues études musicales bien arides à son goût peut-être, mais elle est *apôtre :* Le soir le père, les frères, les amis n'auront garde de chercher ailleurs de coûteuses distractions, de ruineux plaisirs ; à leur table ils ont la joyeuse conversation d'une mère, d'une sœur; le soir, les concerts harmonieux de ces voix si chères, qui savent choisir les romances ou les chants guerriers. Que pourra-t-on refuser à celles qui ont charmé la vie de famille? Elles ont acquis le droit, et elles ont l'adresse de tout obtenir, pour tout conduire à Dieu.

« Quant à l'orgue, ce roi des instruments, d'après les conjectures les plus vraisemblables, et l'histoire des découvertes, il fut inventé en Orient dès les premiers siècles de l'Église.

« Le pape Vitalien est, dit-on, le premier qui introduisit l'usage des orgues dans les églises vers l'année 660; mais leur usage ne devint très commun que vers les xe et xie siècles.

« Les moines, toujours amis des arts, accueillirent volontiers dans leur cloître le noble instrument; l'orgue leur dut le perfectionnement de sa construction, et grâce à eux, l'usage en fut adopté. »

Le premier orgue vu en Europe, envoyé à Pépin par Constantin Copronyme, fonctionnait par la vapeur. L'eau bouillante placée sous les tuyaux, laissait échapper sa vapeur par des soupapes qui s'ouvraient au mouvement des touches; cette vapeur pénétrant dans les tuyaux produisait le son. Ce sont les *orgues hydrau-*

liques dont on a vu disparaître l'usage au XIIIe siècle, à tel point que le secret de leur construction est perdu.

A l'usage de la vapeur succéda celui de l'air, introduit par des soufflets dans les tuyaux. Au XIIe siècle un pieux archevêque de Dôle écrit qu'il a « trouvé, « dans une abbaye de son diocèse, un instrument de « musique avec des tuyaux métalliques, dont les tons « produits par des soufflets de forge, donnaient une « mélodie agréable; on le faisait résonner de temps en « temps, ce qui lui cause beaucoup de plaisir, parce « que cet instrument est fait pour la gloire de Dieu. »

L'ORGUE EN BAMBOU DES JÉSUITES DE SHANG-HAÏ

Dernièrement le RR. PP. jésuites de Shang-Haï ont invité à un grand dîner toutes les autorités chinoises du lieu, ainsi que le juge du tribunal français. On sait que les missionnaires ont établi un observatoire astronomique à Zi-ka-Wei, près de Shang-Haï. Dans leur belle église de Shang-Haï, ils tiennent à montrer aux Chinois un orgue fabriqué par un de leurs Frères coadjuteurs; *les tuyaux sont en bambou* au lieu de métal, le son en est d'une douceur incomparable : on n'a jamais entendu en France rien d'aussi moelleux et d'aussi agréable à l'oreille. C'est quelque chose d'angélique et de surhumain.

Les Pères viennent aussi de fonder un journal religieux : *Le Sacré Cœur de Jésus*, rédigé entièrement en chinois et destiné aux fidèles de toute la Chine.

(Journal des Missions, 1891.)

CHAPITRE XXIII

Secret de l'Apostolat.

Nous l'avons surabondamment prouvé dans ces pages, trop incomplètes cependant ; et auxquelles il manque tant de noms illustres, tant de faits curieux !

La parole de l'apôtre se vérifie tous les jours : Oui « la piété est utile à tout ; elle a les promesses de *la vie présente* et celles *de la vie future.* »

Mais il faut se borner. Notre but d'ailleurs est atteint, si nous avons éveillé l'attention de nos lecteurs sur tant de bienfaits, sur tant d'œuvres merveilleuses, dûs à l'action de l'Eglise ; si nous avons pu, surtout, éclairer leur intelligence, les rendre méfiants de toutes les inepties, de toutes les erreurs dont on remplit actuellement les livres à l'usage de la jeunesse. « *Si jeunesse savait,* » dit le proverbe. Oui, si elle *savait* la vérité, elle repousserait l'erreur ; si elle *savait* de quels poisons on abreuve sa soif de science, elle se retournerait avec amour vers l'enseignement de l'Eglise. Puisqu'elle ne *sait* pas, qu'elle s'instruise, qu'elle interroge ; mais qu'elle puise à la *vraie source*, et ne s'abreuve pas aux « citernes vides qui ne contiennent pas l'eau » qui désaltère.

Un fait qu'il importe de constater est celui-ci : D'où vient que l'Eglise, malgré les persécuteurs puissants et nombreux, malgré les hérésies et les schismes, malgré les défections mêmes ou les scandales de quelques-uns de ses membres indignes, s'est établie, s'est soutenue, grandit chaque jour, donnant aux peuples les efforts de sa charité, les ardeurs de son zèle, avec les découvertes de sa science, les inventions de son industrie ; et cela sous tous les climats, en tout temps et en tous lieux ? C'est qu'elle a reçu de Dieu même sa *mission divine*, et que Notre Seigneur a prononcé ces paroles en donnant à ses apôtres leur sublime programme : « *Toute puissance m'a été donnée au ciel et sur la terre ; allez donc : Enseignez toutes les nations... Et voilà que je suis avec vous jusqu'à la consommation des siècles.* »

Entendons-le bien : *Toute puissance !* Aussi comme ce souverain Seigneur, fort de son droit, envoie ses lieutenants prendre possession de sa conquête ! Il parle aux apôtres, mais en eux à leurs successeurs, à l'Église, à ses prêtres. *Allez donc !* voici la consigne.

Allez, c'est la mission, le *devoir*, le *droit* des apôtres, sacré, imprescriptible, perpétuel, obligeant toujours, s'élevant toujours au-dessus de tout.

Allez, *enseignez toutes les nations*. Elles sont son héritage et sa conquête.

Le salut étant le droit et le devoir de tous, le droit et le devoir pour toutes les nations, est de recevoir les envoyés de Jésus-Christ.

Allez donc, point de barrières qui vous arrêtent.... traversez les forêts, les fleuves et les montagnes ; franchissez toutes les frontières, que les différences de races, de langues, de mœurs, de civilisations ne vous arrêtent pas. Allez vers *toute nation ;* et jusqu'au bout du monde et jusqu'à la fin des temps !

Quelle parole ! « Les nations sont à moi, je vous les donne pour héritage ! »

Euntes ergo ! Allez donc !...

« Mais les puissances de la terre réclament, elles opposent leurs lois, leurs traditions, etc. — *Toute puissance m'a été donnée.* »

Mais les sophistes entassent arguments sur arguments ! — *Toute puissance m'a été donnée.*

Mais les bourreaux lèvent le glaive ! — *Toute puissance m'a été donnée.*

Allez, ne craignez point : « *J'ai vaincu le monde.* » Ne craignez point : « Car voici que je suis avec vous jusqu'à la consommation des siècles. »

Tout ce qui se fait contre les droits de Dieu et de mon Eglise nécessairement à jamais imprescriptibles, est nul de soi et déjà vaincu, car : *Les portes de l'Enfer ne prévaudront pas !*

Ego, moi, le vainqueur du démon, du monde, de l'Enfer, du péché, de la mort ; moi à qui *toute puissance* a été donnée,

Me voilà ! Je suis prêt, je suis debout, je veille, *moi* à qui est donnée *toute puissance ;*

Et *tous les jours :* à jamais, dans les persécutions, comme dans les jours prospères ; au Thabor, comme au Golgotha ; dans mille ans, comme aujourd'hui ; au dernier comme au premier jour ; dans toutes les épreuves et dans chaque épreuve,

Voilà que moi-même je suis *avec vous,* non pas avec vos adversaires, même quand pour vous purifier je leur donnerais l'avantage, mais toujours *avec vous...*

Avec vous parcourant le monde ; avec vous baptisant, enseignant, avec vous apprenant aux hommes *« à garder tout ce que je vous ai enseigné. »*

Des novateurs, des prudents viendront qui, sous prétexte de progrès, craignant le mépris et le glaive, croyant ne pouvoir sauver mon empire qu'à ce prix, demanderont des changements dans la doctrine.

Toute puissance m'a été donnée... La vérité demeure et ma puissance avec elle ; *enseignez tout ce que je vous ai enseigné,* sans aucun changement.

Je suis *avec vous* conservant le dépôt sacré, luttant avec vous pour le sauver contre les ennemis du dedans, aussi bien que contre les ennemis du dehors.

Mais aussi triomphant avec vous.

Donc, ne craignez pas, quelles que soient les tempêtes ; les vents peuvent se déchaîner, la barque fragile peut être ensevelie sous les flots, mais elle ne périra pas, elle l'emportera toujours : *Je suis avec vous !*

Sa faiblesse et ses humiliations ne serviront qu'à mieux prouver aux hommes la perpétuité de mon assistance : *Je suis avec vous !*

Et vous, soyez donc avec moi. « Allez donc. » Pourquoi prétendre vous avancer seuls, pourquoi oublier si facilement mon secours ? « *Je suis avec vous.* » Soyez avec moi.

Courage, confiance : *Toute puissance m'a été donnée* ; à vous la puissance, le combat et la victoire. Après le Golgotha, le Thabor éternel !

R. P., OLIVAINT.

TABLE DES INVENTIONS & DÉCOUVERTES

CONTENUES DANS CE VOLUME

TABLE GÉNÉRALE DES MATIÈRES

Le Progrès par l'Eglise.

Abbeville, imp. C. Paillart, Éditeur des *Brochures illustrées
de Propagande Catholique.*